国家林业和草原局普通高等教育"十三五"规划教材
高等院校园林与风景园林专业美术系列规划教材

园林素描风景画

宫晓滨　高文漪　王丹丹　编著

中国林业出版社
·北京·

内 容 提 要

"研今习古、知行合一",不断探索中国传统园林表现绘画创作的新途径,是适应风景园林学科发展和培养综合型风景园林、园林专业人才的迫切需要。"园林素描风景画"是园林美术基础和风景园林专业设计相结合的专业性绘画,是将艺术、研究、园林三者深度融合,并结合文献史料、图像资料和遗址调研,在对园林中建筑形制、环境要素和楹联匾额进行综合分析的基础上,结合遗址园林典型实例进行的一系列透视图、鸟瞰图的绘画创作与表现。

图书在版编目(CIP)数据

园林素描风景画 / 宫晓滨、高文漪、王丹丹编著. —北京:中国林业出版社,2019.12
国家林业和草原局普通高等教育"十三五"规划教材　高等院校园林与风景园林专业美术系列规划教材
ISBN 978-7-5219-0420-8

Ⅰ.①园…　Ⅱ.①宫…②高…③王…　Ⅲ.①园林艺术—风景画—素描技法—高等学校—教材　Ⅳ.①TU204.111
中国版本图书馆CIP数据核字(2020)第024213号

中国林业出版社·教育分社

策划编辑:康红梅　段植林	责任编辑:康红梅	责任校对:苏　梅
电话:83143527　83143551	传真:83143516	

出版发行　中国林业出版社(100009　北京市西城区德内大街刘海胡同7号)
　　　　　E-mail: jiaocaipublic@163.com　电话:(010)83143500
　　　　　http://www.forestry.gov.cn/lycb.html
经　销　新华书店
印　刷　北京中科印刷有限公司
版　次　2019年12月第1版
印　次　2019年12月第1次印刷
开　本　230mm×300mm　1/8
印　张　23.25
字　数　304千字　　另数字资源约250千字
定　价　56.00元

数字资源

未经许可,不得以任何方式复制或抄袭本书之部分或全部内容。

版权所有　侵权必究

高等院校园林与风景园林专业规划教材
编写指导委员会

顾　问　陈俊愉　孟兆祯
主　任　张启翔
副主任　王向荣　包满珠
委　员（以姓氏拼音为序）
　　　　　包志毅　蔡　君　成仿云　程金水
　　　　　戴思兰　高　翅　高俊平　高亦珂
　　　　　弓　弼　何松林　李　雄　李树华
　　　　　刘　燕　刘青林　刘庆华　芦建国
　　　　　沈守云　唐学山　王　浩　王莲英
　　　　　杨秋生　张建林　张文英　张彦广
　　　　　朱建宁　卓丽环

"高等院校园林与风景园林专业美术系列规划教材"
编审委员会

主　任　李　雄（北京林业大学）　郑　曦（北京林业大学）
副主任　宫晓滨（北京林业大学）　高文漪（北京林业大学）
　　　　　高　飞（东北林业大学）　秦仁强（华中农业大学）
委　员（以姓氏拼音为序）
　　　　　段渊古（西北农林科技大学）
　　　　　高　冬（清华大学）
　　　　　龚道德（南京林业大学）
　　　　　刘　炜（华南农业大学）
　　　　　刘文海（中南林业科技大学）
　　　　　孟　滨（河南农业大学）
　　　　　苏　畅（沈阳农业大学）
　　　　　万　蕊（四川农业大学）
　　　　　王立君（河北农业大学）
　　　　　邢延龄（浙江农林大学）
　　　　　徐桂香（北京林业大学）
　　　　　许林峰（福建农林大学）
　　　　　闫冬佳（山西农业大学）
　　　　　赵　军（东南大学）
　　　　　钟　健（青岛农业大学）
　　　　　邹昌锋（江西农业大学）

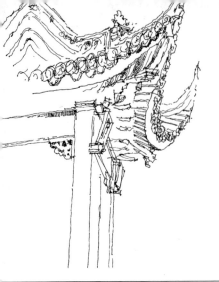

前 言

"园林素描风景画"是高等院校本科风景园林、园林专业一门重要的专业选修课。根据风景园林的学科特点和实际需要,培养学生具备较高尚的审美情操与艺术修养,能够较自如地运用素描以及其他艺术形式的表现手法与技巧,较好地进行一系列风景园林艺术设计的表现绘画与创作活动。

在"双一流"学科建设的背景下,为进一步提升风景园林教育的核心竞争力,北京林业大学园林学院从园林美术基础和风景园林专业设计相结合的角度出发,本着创作性、科学性、艺术性、实用性的原则,开设了"园林素描风景画"特色课程。随着教学的进行,结合主讲教师多年的课程教学实践和教学成果的积累,亟须编写一部适应风景园林专业并与该课程相配套的精品教材。

本教材将理论研究与实践创作并重,深入挖掘中国传统园林的表现绘画创作途径,包括以复兴中国优秀传统园林为目标所积累的大量教学成果,同时在研习借鉴传统界画创作方面,也进行了大胆的教学探索与实践。古为今用,洋为中用,在大力弘扬中国传统园林文化的同时与国际接轨,不断丰富课程内容和教材建设,系统构建"园林素描风景画"课程。

本教材特色如下:

(1) 编写模式新颖,教材体系立足风景园林专业特色,紧紧围绕学生关键能力的培养组织教材内容;在教材插图和范画的选择上,突出案例的典型性,使教材更具可读性和实用性,促进"教、学、做"一体化。

(2) 突出对学生艺术创作思想、创作方法和创作手段等综合能力的培养。教材内容深入浅出地引入中国古代画论思想;教材结构紧紧围绕风景园林的创作性展开,并根据园林平、立、剖面等图纸资料进行编排,明确实习实测的针对性,依据创作难易程度,构建教材的知识结构和体系,使学生了解创作的程序、内容和方法,通过启发和引导,不断提高学生的识图能力、空间想象能力以及如何根据现存物象和优美的诗词文字用图画的形式还原历史情境,并创作出具有浪漫气息的情景交融的画面,在感动自己的同时感染他人。

(3) 教材内容针对性强,重点围绕中国传统园林遗迹遗址区域进行绘画创作,即北京颐和园后山遗址区、圆明园遗址区、承德避暑山庄山岳遗址区。作为基础,需要学生具备扎实的中国古典园林历史知识、丰富的园林建筑知识和园林工程知识。因此,该教材是一部突出反映基础性绘画向专业绘画和设计内容过渡的专业教材。

本教材适用于各大专院校园林、风景园林、环境设计等专业；各园林、景观等设计与科研院所、公司；其他园林风景绘画研究者与爱好者可以参考。

本教材由宫晓滨、高文漪、王丹丹编著，具体编写分工如下：宫晓滨负责范画演示和内容审稿；高文漪负责课程和教材统分；王丹丹负责全书文字撰写、统稿和范画演示。学生优秀作品主要来自北京林业大学园林学院2012—2016级风景园林专业学生的课程作业。本教材范画所用工具包括铅笔、炭笔、钢笔等。

感谢李雄教授一直以来给予的支持与鼓励，感谢北京林业大学园林学院的全体师生和相关院校的支持参与。特别感谢清华大学建筑学院的贾珺教授，北京画院理论研究部的赵琰哲副研究员，北京林业大学园林学院建筑教研室的董璁教授，园林历史与理论教研室的赵晶副教授、黄晓副教授和园林设计教研室的王鑫老师、肖遥老师、李方正老师，在教材编写和相关课题*研究过程中给予的宝贵意见和大力支持。同时，中国林业出版社对本教材的组织和出版做了大量的工作，对出版社辛勤和高质量的工作，我们在此表示衷心的感谢！

由于水平有限，教材中难免有不足及疏漏之处，敬请读者批评指正。

编　者

2019年7月

---

*基金及课题项目：

①2019年教育部人文社会科学研究青年基金项目（项目编号：19YJC760102）：遗址与图画——圆明园园林遗址区复原创作研究与实践

②北京林业大学建设世界一流学科和特色发展引导专项资金资助——北京与京津冀区域城乡人居生态环境营造（项目编号：2019XKJS0316）

③2019年高校实践育人课题一般课题（项目编号：SJYR1903）：风景园林专业素描风景画教学实践课程体系建设研究

④北京林业大学2019年课程思政教研教改专项课题（项目编号：2019KCSZ013）：素描风景画

⑤北京林业大学2019年教育教学研究一般项目（项目编号：BJFU2019JY019）：风景园林专业"素描风景画"课程教学改革实践——基于传统界画研究的圆明园遗址如园景区绘画创作

⑥2016年北京林业大学教学改革研究项目（项目编号：BJFU2016JC059）：教材规划项目"园林素描风景画"

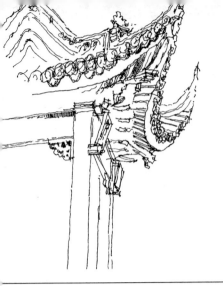

目 录

前言

第1章　绪论 ………………………………………………………………… 1

　1.1　概述 ………………………………………………………………… 1
　1.2　风景画艺术 ………………………………………………………… 2
　1.3　园林风景画创作 …………………………………………………… 3

第2章　园林素描风景画创作内涵与特色 ………………………………… 5

　2.1　园林素描风景画创作内涵 ………………………………………… 5
　2.2　园林素描风景画创作特色 ………………………………………… 6

第3章　园林素描风景画要素艺术表现与画法 …………………………… 9

　3.1　植物景观要素的艺术表现与画法 ………………………………… 9
　3.2　水景类景物的艺术表现与画法 …………………………………… 13
　3.3　石品、假山类景物的艺术表现与画法 …………………………… 13
　3.4　园林建筑类景物的艺术表现与画法 ……………………………… 18

第4章　园林素描风景画创作途径与形式 ………………………………… 22

　4.1　园林素描风景画创作途径 ………………………………………… 22
　4.2　园林素描风景画创作形式 ………………………………………… 23

第5章　园林素描风景画创作步骤与实例 ………………………………… 33

　5.1　创作步骤 …………………………………………………………… 33
　5.2　创作实例 …………………………………………………………… 41

第6章　作品选析 …………………………………………………………… 148

参考文献 ……………………………………………………………………… 179

第1章 绪论

1.1 概述

美术教育是人类最早的文化教育活动之一，是美育的源头。孔子曰：志于道、据于德、依于仁、游于艺。蔡元培在担任教育总长（1912年）和北京大学校长（1916年）期间大力提倡美育和艺术教育，并于1917年在北京神州学会发表题为《以美育代宗教说》的讲演，影响至今。中国美学界和画坛的老前辈伍蠡甫先生说："中国古代的绘画，具有极其深刻、极其丰富的美学思想，应当加以继承，加以发扬。"迟轲先生说："我不相信文化可以'救国'，但我却始终深信文化可以强国，对美和艺术的理解，是文化修养的一个重要部分，而'美育'的最有效的方法，是多接触艺术，包括了解一些艺术史。"

园林如诗如画，风景园林学是科学、艺术和技术高度统一的综合性学科。我们创造的风景园林的美是落实到大地上和生活中，关乎人民群众的健康生活和幸福指数，更关乎社会和国家命运，而风景园林师的艺术观、审美观、价值观影响着风景园林行业的未来。风景园林是与自然有着密切关系的行业，肩负着保护自然、管理自然、恢复自然、改造自然和再现自然等使命（王向荣，2019）。风景园林学的根本使命是"协调人和自然的关系"，认识自然、接触自然、感悟自然，并能够心态平和地去热爱自然、欣赏艺术和关爱社会，这体现了风景园林行业的社会责任。而艺术真正的力量在于启发人们以不同的方式思考这个世界，在于开启不同时间、不同空间、不同文明之间的对话。东西方在处理人与自然的关系上的不同，在中国古代绘画这一载体中，就曾承载了诸多反映社会、生活、文化的内容，蕴含了十分丰富的有关传统环境营造的智慧和思想。我国的风景园林学科正是由中国古典园林艺术传承发展起来的，具有中国文化特色并服务现代城市环境建设的一门独立学科（李炜民，2012）。

中国传统园林与绘画有着不可分割的关系，园林是立体的诗与画，古代造园家无一不是优秀的画家。在风景园林学科领域加强科学性与艺术性的综合训练，表现在绘画艺术与设计艺术的结合方面尤为突出。风景园林类"表现绘画"无疑是风景画，但又与一般纯艺术性的绘画不同，要求既要有很强的艺术性而具表现力，又要基本满足风景园林设计的一些技术要求而具有说明性（宫晓滨，2006）。关键在于科学和艺术的完美结合，要求实践者既要有科学的探索精神，也要有浪漫的艺术情怀，以及在此基础上的继承与创新。而将这两方面充分融合于教学实践中，即为具有专业绘画创作特点的素描风景画教学中。

中国传统园林的绘画创作是将中国传统园林和绘画结合，通过绘画手段将中国传统园林中诸要素准确、真实、艺术地表达出来。中国传统绘画的造型基础是白描，突出以线为要素来表达"意"，研究白描，是探求中国民族绘画特色的一把钥匙。中国书画同源于线条，元代书法、绘画大家赵孟頫，在其绘画创作实践中，将不同书体的笔法，直接运用到相应的物象上。再如中国传统绘画中的界画是以表现古代宫廷建筑为主的，其中的环境意境、空间层次、虚实对比、与山水林木的结合正是人与自然和谐共生的美好画卷，为我们提供诸多借鉴。梁思成、杨廷宝、童寯等先生的建筑画，其线条的背后闪烁着创作思想。吴良镛院士曾言，与前辈大师相比，现在的建筑学领域中，徒手表达能力有削弱的趋势。另外，在风景园林领域也如此，2015年在重庆大学召开的中国风景园林教育大会上，孟兆祯院士分析了中国传统园林的特色，结合自身多年的园林教学及设计实践，提出万变不离其宗——必须要把中国园林的特色渗透到学科教育中去。传统是民族文化的命根，我们要以诗意山水栖居环境独特优秀的中华民族园林传统自立于世界园林民族之林。孟兆祯院士一再提醒青年一代，要清醒地认识当前的客观问题，强调绘画表达的重要性，靠的就是"意"和"象"，意即文学，象即形象，山水以"形"为道，这"形"便从绘画中来，结合专业用途强化专业基础。不能仅仅依靠课堂上的有限时间，要充分利用课下时间多加练习。先辈们的诸多研究成果为中国园林艺术的研究积累了宝贵财富，而从中国传统园林设计情景表达的角度，加强艺术思维与绘画表现的研究能有效地充实中国传统园林学科内容的研究。通过绘画的手段表现出来的对象充满阳光和所在环境的空间层次感，这种诗情画意的表达、这种艺术境界的取得决取于美术修养，不是计算机制图所能达到的（吴良镛，2014）。另外，绘画必须有高尚的人品，必须多读书，必须具备广博的文化修养。中国古代画论一贯重视人品与画品的关系，例如画论中提出要"清心地""善读书""却早誉""亲风雅""不可有名利之见"，画论不仅要求画家凭籍艺术技巧来完成创作，更重要的是要求画家以高尚的人品来影响他所要表现的题材，使绘画具有一定的思想性和感染力，更好地发挥宣传教育作用。杜甫的"读书破万卷，下笔如有神"，还有我们熟知的"读万卷书，行万里路"，陆游的"汝果欲学诗，功夫在诗外"所言便是要有广博的文化修养，除绘画之外，还要了解书法、印章、诗词等，触类旁通扩大知识领域。

北京林业大学园林学院美术教学有着优秀的传统，拥有全国农林院校开设应用美术课程最早、体系最全的美术教研室。在老一辈资深园林美术教育专家的培养和指导下，目前教研室已发展成为具有高学术水平的教学梯队。以园林为核心，以老带新、以研促教、以教促改，不断完善园林美术教学体系。在教学之余，教师们在艺术创作方面也不忘初衷、多次实地考察实践、写生和创作，勤于画艺，作品曾获得多种荣誉和奖励。老一辈先生们为我们树立了光辉的榜样，即作为一名优秀的风景园林师应具备综合的素质和修养。而表现在绘画艺术方面的素质结构最好是：绘画功底与形式美感＋表现技法与艺术修养＋文学水平与相关的人文社会科学知识＋主动性劳动能力（宫晓滨，2012）。以中国传统园林为主体具有无限的发掘潜力，其绘画创作是从艺术的角度进行的再创作，是凝聚中华民族独特魅力的创作形式，中国传统园林绘画创作任重而道远。

1.2　风景画艺术

师法自然，向大自然学习的途径有很多，以风景画为载体的视觉图像艺术是其中之一。诚如自然美得就像艺术，风景画正是源于自然、基于自然的风景艺术，给人们带来丰富的情感体验。风景艺术抓住并使之永恒的是流逝的时间中短暂的一瞬间，眼睛所见的风景是画家情感的折射，包含写实和创作的成分，画出的画既是主观的也是客观的。英国诗人塞缪尔·泰勒·柯勒律治（Samuel Taylor Coleridge，1772—1834）评论这种双重性——"绘画是介于思想和事实之间的中间媒介"。那么风景画如何影响我们感知自然的方式，协调我们与自然的关系呢？（上海博物馆，2018）艺术家们正是通过感知、体验、判断选择后进行构思创作，或模仿自然或从自然中提炼升华。在存世的图像资料中，风景画占有一定比重，作为视觉资料，从图像中可以了解历史和社会。艺术史学家肯尼斯·克拉克（Kenneth Clark，1903—1983）曾这样说过："除了爱，恐怕没有什么能比一处风光给人们带来的愉悦更能让我们团结在一起。"从莱昂纳多·达·芬奇（leonardo da Vinci，1452—1519）的《风景》（图1-1）中传递给我们一个重要的信息，即通过观赏"远眺风景"所带来的巨大愉悦感来实现这种主宰一切的感觉。正是这种由俯瞰角度欣赏风景的体验，影响着一代又一代艺术家致力于风景画创作。

中国风景画的发展要从山水画说起，自南北朝时期，山水的景物在壁画中当作背景流行起来，唐代张彦远认为山水画的趋向成熟是始于吴道子与李思训父子。据记载，吴道子奉李隆基之命去嘉陵江观察，将沿途景物铭记于心，仅用一天就画完嘉陵江的巨幅壁画，说明这类绘画创作包含了大量记忆和想象的成分，是一种凭借记忆与想象加以独特融合的创作方式。随着宋代画院的发展和画院制度的完善，促进了当时绘画的发展，北宋范宽的《溪山行旅图》（图1-2）是古代全景构图的水墨山水画杰作，从历代山水画作品中全景式布局，远近法的运用说明了画家在取景、构图方面的逐渐成熟；张择端的《清明上河图》以汴河为描写对象，立体展示了北宋东京繁荣的世俗生活画卷，通过画家巧思组织，将生活变成了艺术，具有极大的历史文化价值。

"山水"即风景，在中国绘画中，山与水相依，以体现完美和谐中的自然整体性。正因为面对和描绘山水实际上是一种极其重要的精神之旅，中国的艺术家们以悟道的方式致力于"笼天地于形内，挫万物于笔端"，往往超出了物象的束缚，对景观察、记忆直到最后造型一气呵成（丁宁，2016）。因此，正如吴冠中先生所言，创作的过程应是饱含着对原物原型的一个诗化的过程，然后产生艺术创作的结果。

1.3 园林风景画创作

中国传统园林是中国传统文化中重要而优秀的组成部分，具有深厚的历史积淀与灿烂的艺术光彩，表现出浓郁的中国传统文化风情，是风景类绘画创作取之不尽、用之不竭的宝库。中国传统园林不论是北方皇家园林还是南方私家园林，其创作（设计）的主流无不秉承中国传统文学和传统山水画创作的精神内涵与艺术手法，强调"天人合一""顺其自然""顺天应人"等人类善良社会与自然资源和谐相处、和谐发展的哲学思想。

图1-1 《风景》达·芬奇 纸本墨笔／19cm×28.5cm 1473年（乌菲齐美术馆）

图1-2 《溪山行旅图》
范宽 立轴 绢本 淡设色／
206.5cm×103.3cm 北宋（中国
台北故宫博物院藏）

因此，中国传统园林的设计和创作思想，在当代社会发展中，仍具有积极的现实意义。在此基础上，以中国传统园林为题材的风景类绘画，以艺术的角度，将此景此情进行绘画再创作，其作品具有很强的艺术与设计作用（宫晓滨，2010）。

所谓创作，本书主要是指风景园林与现代景观设计的表现绘画。创作性是区别于实景写生的艺术实践，园林风景画创作的核心在于其说明性和启发创作性的价值。北京林业大学园林学院的美术教育与学校一起走过了60余年的风雨历程，在老一辈先生们的指导下取得了非常优秀的成绩。园林美术教学是为园林艺术设计服务的，作为基础课，在课程内容上分美术基础（必修）和专业绘画（选修）两部分。在教学内容上，目前沿用孟兆祯先生等前辈的《避暑山庄园林艺术》及中国传统园林的其他科研成果，参考相关平、立、剖面图进行透视图和鸟瞰图的绘画创作与表达。重点围绕中国传统园林的表现绘画进行创作，主要是指对中国传统园林中现已不存的园林风景的一种艺术再现和艺术创作。要求学生们具备扎实的绘画基本功，能够准确地把握透视规律，结合园林遗址的现场调研，在反复推敲的过程中借助绘画创作的艺术手段进行历史情境的复原再现与表现活动，尊重和启发学生的创作热情，引导其充分发挥艺术性。

园林类风景风情绘画须从日常的习画中加强对于艺术和文化的追求。将"图"的准确性与"画"的浪漫性结合，正如石涛所言："以形作画，以画写形，理在画中。以形写画，情在形外。至于情在形外，则无乎非情也。无乎非情也，无乎非法也。"在绘画实践与积累的过程中，逐步理解与熟识"画、形、理、情、法"，尤其对于中国传统园林遗址区的创作性绘画表现，更能突出该课程的核心价值，通过绘画语言营造意境、记录情境。中国的园林就是从大自然中移天缩地妙造而成的，早在南宋的应试画题起，用文学的语言，来激发绘画意境的创造（吴良镛，2002）。中国自然式的传统园林素描风景创作，既要求学生具备基本的园林风景写生的经验积累，又要求有相当的园林设计与表现的经验积累，这两者都很重要，缺一不可。根据风景园林的专业要求，培养学生逐步具备一定的设计表现绘画的能力，与设计相结合的素描风景绘画创作是本教材的核心（宫晓滨，2015）。

第2章 园林素描风景画创作内涵与特色

"园林素描风景画"是素描这一艺术形式向自然和人文领域的延伸，在风景园林学科中发挥美术基础课程向专业设计课程的重要衔接作用，是风景园林专业中建立在基础造型之上，融合了美学、艺术学、设计学的一门综合艺术科学。涉及知识极为广泛，包括城乡规划、建筑、园林、园艺、植物、美术和文学等。其中园林美术更是提高设计水平的重要手段，具备好的绘画基础和相当的美学修养，是学好设计并成为一个合格设计师的重要前提。课程在教学上注重培养学生建立较强的形象创作性思维，并与较好的艺术表现力、一定的科学性相结合，在风景园林专业的学习与工作中，具备较强的风景造型能力，成为园林风景绘画创造性的人才。

"园林素描风景画"是与园林设计直接融合的一门独立的专业绘画艺术。结合风景园林专业的特点和实际需要，有助于在提高风景园林专业学生的造型能力、审美意识和视觉感知的基础上，具备较高尚的审美情操与艺术修养，并能够自如地运用素描以及其他艺术形式的表现手法与技巧进行一系列风景园林艺术设计的创作活动。"素描"是绘画造型艺术和视觉艺术的重要基础课程，园林设计的构想，首先便是艺术创作的构想，是形象的想象力的发挥，是图、画面中的形象的造型能力的展示。包括具有较强科学性和专业指导性的平面图纸、形象思维与科学理性推导相结合的立面图、剖面图和用作展示说明的透视图和鸟瞰图。

2.1 园林素描风景画创作内涵

正如童寯在谈到绘画时说："只有绘画才是一种正规的记述方式，建筑绘画的价值在于，它可以令研习者全力以赴，去真正获得经典建筑可以给人带来的激发和启迪。通过由手操作的绘画，眼睛才能够从事搜集、定焦、捕捉、判断，并把那种蕴含于建造中的智巧与优美进行梳理整合，准确地写绘于画纸上。"（童明，2012）

园林题材的表现绘画，在创作过程中充分遵循艺术与技术、形象与逻辑、想象与创造的内在关系，同时需要了解造园思想，理解建筑结构，准确表达透视，对山水树石等造园要素的表达要生动自然，在准确表达设计意图和烘托主题的基础上，拥有独特的艺术价值。因此，其作品是介于艺术绘画和设计图纸之间的具有特殊功能的绘画作品。通过典型案例的教学实践，启发和培养学生园林风景组合的想象力与创造力，进一步提高学生风景"完全创作"绘画的表达能力以及将绘画艺术性与设计科学性相结合的创新思维能力。

素描被认为是16世纪艺术创作成就最卓越的领域之一，不仅是作为绘画开始的准备步骤，也是一种独立存在的强烈艺术形式，且具有独立审美价值的艺术形式。其单纯、质朴、富于表现性的特点，使之应用于多个与设计相关的基础学科领域。其中英国霍尔拜因的"制图术"和法国宫廷里克卢埃的"彩笔画"可谓是极具说服力的典范。除威尼斯画派明显不认同外，欧洲艺术家都发现素描是"思想"最纯粹的表达方式，是精神概念的最高形式。在达·芬奇看来，素描是一种认识世界的方式，探索自然奇观的方式，穿透生命奥妙的方式，设计各种机械的方式，研究面相学和解剖细节的方式，以及想象洪水灭世和末日绝境的方式（祖菲，2017）。素描虽为西方舶来艺术，但作为工具我们是可以在教学中鼓励其应用的，素描所用的铅笔和中国古代绘画的毛笔只是绘画工具的不同，从表现内容和题材出发，以弘扬中国传统文化、绘画为立足点。洋为中用，我们更鼓励艺术形式上的多样表达，不断尝试和探索民族绘画语言的时代性。熟练地运用外来技法，运用自然得当，与民族绘画的传统技法融合得和谐统一，就能营养和壮大自己的民族艺术。

2.2 园林素描风景画创作特色

2.2.1 创作性——中国传统园林艺术的继承发扬

汪菊渊院士曾经说过"中国园林有独特优秀的传统，我们要去发掘、继承和发扬"，借助绘画形式能更加形象而具体。孙筱祥先生作为园林规划与设计教学的开拓者，不断地将中国画、中国诗融于教学。孟兆祯院士强调一个设计学科的人才要有"三才"，即文才、画才、口才。这其中画才就是要将设计的立意表现出应有的诗情画意，化抽象为形象，实现自然与人的交融与结合（孟兆祯，2012）。实践证明，创造性的发挥对于设计能力的提升大有裨益。

2.2.2 科学性——客观科学合理和精确细致严谨

中国传统园林是人与自然和谐共生的产物，是自然要素与人文要素的综合体现，中国传统园林的立意、创作和表现虽凝诗入画，但并非一般文学的诗文和绘画的图纸，它是反映三维空间的园林设计（吴肇钊，2004）。

所谓科学性是根据风景绘画的自身规律，以准确性为前提，注重风景绘画的说明性和表现力，如涉及园林建筑结构等首先要根据平面、立面的各项技术要求，遵循写实主义的基本规范和设计的各项要求，客观地进行描绘。具体来说就是充分遵照"造园逻辑"的严谨性与科学性，使之既符合造园的内在逻辑又符合艺术创作的规律，使想象和创作合情合理。中国传统写意山水画和传统工笔"宫阙图"在构思、构图、透视、立意、色彩、绘画技法等诸多方面积累了丰富的绘画经验且形成了完备的理论体系（吴肇钊，2004）。其中关于传统界画中的建筑结构，画宫室者，胸中先有一卷《木经》，始堪落笔。传统界画离不开屋室、亭台、宫殿、楼阁等，了解并熟知中国古代建筑的发展及其结构原理等，这将使我们从事界画学习与创作时"胸有成竹""意在笔先"，有利于我们思想情感的抒发，这也是界画区别于建筑图纸的根本所在（左亮，2013）。

清初袁江、袁耀的出现，说明了界画并不因为元明以来文人画家们的贬斥而衰落，它仍然在不断发展着，并且吸收了园林艺术和西画透视法则，使界画达到了新的成就。绘画史籍说袁江的界画当推清代第一，诚为公允（令狐彪，1985）。《德隅斋画品》中提到界画最基本的要求"折算无差"，这再次说明了精确在界画中的重要性。但界画不止步于此，有规矩又不为规矩所束缚，指的是在精确的基础上追求作者主观意愿的表达，这是比"精确"更高层次的要求。从历代画论和画作中吸取经验对于学习园林素描风景画创作十分有益（图2-1、图2-2）。

2.2.3 艺术性——浪漫的想象力和艺术的表现力

素描风景画创作过程反映了对于中国传统园林的研究性和表现性价值。中国传统园林讲究诗情画意，秉承了中国传统文学和传统绘画创作的精神内涵与艺术手法，是风景类绘画创作取之不尽、用之不竭的宝库。其艺术创作的过程包含浪漫的艺术想象和艺术构思过程。在遵循科学性的前提下，对于风景园林要素中的自然山石、植物、水系等可适度发挥作者个性，可在写实的基础上适度写意，绘画风格也可以多元且多样。不断尝试用适宜的绘画形式和方法实现画面的生动感人。艺术感召，就是自己所画的艺术作品能够感染他人，从而实现作品与观者的共鸣。

正如吴良镛院士所说，其实袁江、袁耀、仇英、蓝

东园图（上海博物馆藏）

瞻园图（纽约大都会艺术博物馆藏）

图2-1 袁江界画作品

| 山雨欲来图 | 蓬莱仙境图 | 汉宫春晓图 | 巫峡秋涛图 |
| （北京故宫博物院藏） | （北京故宫博物院藏） | （北京故宫博物院藏） | （首都博物馆藏） |

图2-2 袁耀界画作品

瑛等的山水建筑画就是"中国式的建筑幻想画",在一定写实基础上,包含了大量丰富又浪漫的艺术想象,其中环境意境、空间层次、虚实对比、与山水林木的结合等,无不体现了人居环境的核心理念。通过园林专业绘画的艺术训练,全面地提高艺术修养至为重要。

2.2.4 实用性——风景园林学科发展的迫切需要

风景园林学科建设的总目标是逐步完善和构建以风景园林学为主导,建筑学、城乡规划学、风景园林学三位一体的人居环境学科学组群(李雄,2012)。"园林素描风景画"课程注重实践,通过培养学生的设计表现绘画能力,为今后的设计课程建立一个良好的空间思维意识。另外,该课程自1985年开设至今已有30余年,在教学与创作上先后完成出版了多部教材,书中收集了很多优秀的学生作品。据不完全统计,在目前全国已开设风景园林专业的200多所院校中,该课程在开设时间与目标模式上,具有前瞻性和示范性。因此,如何在风景园林学科快速发展的过程中继续保持其生命力并不断发展创新显得尤为重要。

第3章
园林素描风景画要素艺术表现与画法

一幅成功的园林素描风景画作品有着强烈的艺术表现力和感染力。画面由诸多风景园林要素组景而成，是多种物象恰到好处的巧妙经营。其主要艺术特点应表现在物象生动准确，画面效果与笔触技法的细微、粗狂、紧凑、流畅、刚健有力与柔软轻松、生动活泼又奔放等诸多方面，因此，需要对构成园林风景的要素进行扎实的写生训练，尤其是要素间相互组景的画面处理手法。下面结合实例对各景观要素的艺术表现与画法进行简述。

3.1 植物景观要素的艺术表现与画法

园林中占有很大比例的是自然环境，其中植物是营造环境的重要元素。四季变换，晨昏晴雨，如何艺术地再现植物的形态与特征，艺术地表现风景中存在的美感是园林设计者必须重视的训练内容（宫晓滨，2015）。植物的刻画程度对画面氛围的营造至关重要，我们在素描写生和创作时，都要准确地抓住植物基本生长形态和主要特征，删繁就简，先概括出植物的轮廓，然后再采用适宜的线条来表现具体植物的形与姿。另外，作为知识补充，要对植物的种类、形态特点等相关知识有一定认识和了解，借助树木学分类，区分出乔木中的常绿树、阔叶树，再依形态细分，如伞形、尖塔形、圆塔形、圆锥形等，在基本确定树形的基础上，再做细化。

常绿树如松柏类植物在园林中经常作为骨架树，其中油松（图3-1）、白皮松等针叶树的生长形态及组织较为密集，表现在绘画上常以较重的色调处理，线条的组织与排列要以植物特有的肌理和姿态为依据，顺势而为；柏树根据树龄的不同也呈现不同姿态，古柏树变化十分丰富，如网师园"看松读画轩"前的古柏（图3-2）就十分入画。此外，在园林中还有很多映入我们眼帘的组合小景，如杭州郭庄中的一处松石小景（图3-3）十分清新雅致。

阔叶乔木中的树形变化也是多种多样的，其生长状态及组织形式与针叶树比较相对松散，树干和树冠关系明确，且树冠中穿插分枝，在画的时候要处理好相互间的层次、比例和穿插关系。园林中更多的是植物群落组景，如杭州植物园——山水园一处植物群落（图3-4）包含水杉、香樟等，其立面层次丰富，十分入画。

灌木种类繁多，相对于乔木来说，灌木无明显主干，低矮的灌木与周边其他要素关系更为紧密，可丛植，亦可孤植，对丰富空间层次有重要作用。因此，刻画灌木时要注意与周边环境的协调，切忌不顾整体关系的局部刻画。与乔木共同组景时，黑白灰关系要穿插对比，还要考虑光源要素灵活处理，在表现灌木的丰富性和特性时要抓住典型特征，以点带面地画，切忌面面俱到而影响了整体（图3-5、图3-6）。

花卉类植物变化丰富，基于不同类型花卉的特点其艺术表现形式也十分丰富，有线状的、团块状的；有陆生的，也有水生的。在一幅画中，处理不同植物组合时，要处理好层次前中后的关系明确，前景层次具体，中景层次过渡，远景层次淡化，最远处可以轮廓线交代即可，层次间相互衬托。

图3-1　北海公园团城油松"遮阴侯"　王丹丹绘制

图3-2　网师园"看松读画轩"前的古柏　王丹丹绘制

图3-3 杭州西湖郭庄之松石小景 王丹丹绘制

图3-4 植物群落层次——杭州植物园之山水园水杉、香樟等 王丹丹绘制

图3-5 植物群落层次——杭州曲院风荷景区 王丹丹绘制

图3-6 植物群落层次——杭州西湖边平坦地形植物景观 王丹丹绘制

3.2 水景类景物的艺术表现与画法

自然界中水的形态十分丰富，中国古典园林更是将水景营造视为全园的灵魂，动静结合，无论皇家园林、私家园林都有着丰富而精妙的水景设计；师法自然，模拟自然界中水的多种形态特征，如河、泉、溪、瀑、潭等；山为实，水为虚，园林水景的营造给园林带来更幽深的意境之美，借助光的变化，营造出别样的情趣，山水相依，园林中的理水常常与石景假山相伴随行，有时依托水面的一系列构筑又给人们带来多样的体验和乐趣（图3-7、图3-8）。

3.3 石品、假山类景物的艺术表现与画法

纵览名园，石品假山类的造型和营建都十分讲究，令人驻足观望、百看不厌，画意便油然而生（图3-9）。为此，写生勾勒对于在风景绘画和风景园林设计中启发设计思维和提高设计能力都十分显著。

概括假山石的造型美学和艺术特征，如形容湖石的"瘦""漏""透""皱"，在苏州园林中就保存了很多名石点缀园中，其中苏州狮子林内百态的湖石景致（图3-10、图3-11），留园的冠云峰秀丽端庄、独立成景；环秀山庄的湖石假山横看成岭侧成峰，更是变化多端。故宫堆秀山旁一组山石小景别致有趣（图3-12），前景山石结合地被植物错落有致，中景以一棵柏树分景，背景以建筑衬托，画面稳中求变、疏密有序。画石头分三面，画山石要将明暗交界的关系处理好，才更具空间层次；石头的质感决定了笔触的选择，区别于植物线条，通过画面下方一组密集植物的处理，衬托并提升了石头的体量感，清代大画家石涛在扬州"片石山房"中所亲手设计与营造的假山，其中主峰别具一格，在造型美学上具有很高的艺术价值（图3-13）。

图3-7　拙政园之廊与影
王丹丹绘制
拙政园内分割中西园的一段亭廊，无论从平面还是立面均呈动感的折线布局，紧贴水面，水中倒映着岸边的景物，在虚实交界处对比最为强烈，强调空间转折后的光影变化，镜像后的水中物象与岸上的实景物象形成虚实对比，延伸了此处的意境。

图3-8 山溪 王丹丹绘制

这是一处自然的山溪小景，水流由远及近，经此处一小段跌落后，产生了丰富的变化，溅起的水花在画面中以留白的方式呈现，缓流处倒映着山石，动静皆有趣，近景植物线条与水的线条区别开来，形成对比。

图3-9 留园湖石小景 王丹丹绘制

图3-10 苏州狮子林真趣湖石组景 王丹丹绘制

图3-11 苏州狮子林湖石组景 王丹丹绘制

图3-12 故宫堆秀山一角 王丹丹绘制

第3章 园林素描风景画要素艺术表现与画法

图3-13 扬州"片石山房"湖石假山 王丹丹绘制

3.4 园林建筑类景物的艺术表现与画法

中国有着悠久的历史和灿烂的文化，古建筑便是其重要组成部分。在古代，建筑结构和样式依据严格的等级划分，其优美柔和的轮廓和变化多样的形式正是基于古人在居住与生活过程中不断积累的智慧营造出来的，如适应建筑内部结构的性能和实际用途而产生的各种建筑类型。园林建筑是园林与建筑两者的有机融合，更强调建筑在园林中如何与自然的和谐。为与不同自然环境巧妙结合，园林建筑表现为极为丰富的造型变化。除单体建筑物，如厅、堂、亭、榭、楼阁等，还有更为丰富的以满足综合功能的，如廊、桥、汀步等（胡德君，2000）。园林建筑是彰显人居环境的绝佳场所，从平面、立面到屋顶形式均丰富多彩，如平面有方形、长方形、三角形、六角形、八角形、十二角形、圆形、半圆形、日形、月形、桃形、扇形、梅花形等；屋顶的形式有平顶、坡顶、圆拱顶、尖顶等，坡顶中又分庑殿、歇山、悬山、硬山、攒尖、十字交叉等。根据实际情况，还有将不同屋顶形式组合成复杂曲折、变化多端的新样式。为适应不同环境，如地形、功能和造园立意，中国的园林建筑始终遵循因境而成的原则，园林建筑空间与山、水、花木等各种自然景物互为穿插、渗透，形成多样的空间，这种空间为多方位、多视角的观景体验提供了平台，更是为步移景异奠定基础。以亭为例，亭是最能代表中国建筑特征的一种建筑形式，在园林中应用十分广泛，其中颐和园有亭40余座；故宫御花园中的亭多达12座，占全园建筑的3/4；在拙政园和怡园中，亭也占了全园建筑的1/2以上，正所谓"无亭不成园""无亭不成景"。亭的平面形态是中国古典建筑平面形式的集锦，立面造型各异，在园林中与地形、植物等其他要素组合，成就了一处处美景（图3-14~图3-18）。

对于园林与自然风景绘画创作中艺术造型的基本问题，万事万物均有规律，尤其在造型的初始阶段，用概括的方法，顾大局、识整体地科学观察与分析，把握全局与局部的关系，删繁就简。园林风景与自然风景的形象差异、特点对比要在整体关系确立下来后再进行推敲，对物象大关系、大形体的概括与处理手法是我们把握画面总体布局需要掌握的技能。景物形象与透视感觉的视觉经验分析和对景物结构的深度理解是伴随不断的创作和实践逐步积累起来的，至于生动而准确的笔法与素描线条本身美感的表现与画面的意境和韵味更是需要在不断创作中体悟，这也是艺术家形成鲜明个性和艺术风格的必经之路。

图3-14 苏州狮子林内景 王丹丹绘制

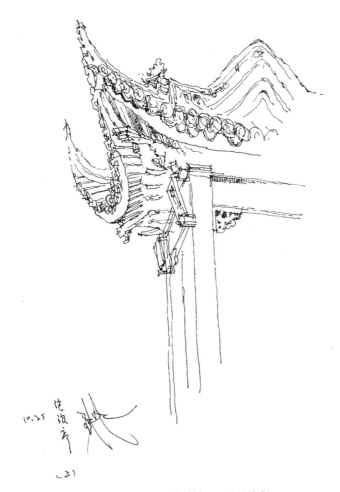

图3-15 沧浪亭 王丹丹绘制

图3-16 苏州拙政园别有洞天 王丹丹绘制

图3-17 苏州网师园园内景 王丹丹绘制

第3章 园林素描风景画要素艺术表现与画法

图3-18 苏州网师园内亭与竹景一隅 王丹丹绘制

第4章 园林素描风景画创作途径与形式

4.1 园林素描风景画创作途径

4.1.1 品赏楹联匾额——探寻意境、提取物象

中国传统园林讲究立意，楹联匾额是物我交融所依托的平台，将主题、赏析和遐想以简练、优美的文字表达。通过品匾赏联有助于我们理解中国传统园林的本质和内涵。无室不匾、无柱不联不仅是颐和园的特点，也是清代皇家宫苑园林的共同特征，这与清代楹联艺术的兴盛有着密切的关系（夏成钢，2008）。通过楹联解析，探寻意境并从中提取物象，为创作构思提供重要依据和参考，目前已有多部与园林相关的楹联匾额专著，如《湖山品题——颐和园匾额楹联解读》（夏成钢，2008）、《苏州园林匾额楹联鉴赏》（曹林娣，2009）、《紫禁城八百楹联匾额通解》（李文君，2011）、《圆明园匾额楹联通解》（李文君，2017），这些书中收录的资料信息将为园林素描风景画的创作提供宝贵参考。

4.1.2 搜集史料图画——考证实景、还原情境

以史为鉴，大量的历史资料为绘画创作提供了客观依据。《御制避暑山庄三十六景诗图》中关于承德避暑山庄的景致图咏，诗图对照，犹如徜徉在避暑山庄旖旎风光之中。孟兆祯院士编著的《避暑山庄园林艺术》一书中，详细阐述了山庄建设的精细微妙和匠心独运所在，并附有彩色照片4幅和实测墨线图28幅。"研今必习古，无古不成今"，《园衍》一书再次图文并茂地列举了古代帝王宫苑和私家园林的经典案例，包括避暑山庄山岳区的玉岑精舍、山近轩、秀起堂、青枫绿屿、碧静堂等相关复原图纸，作为创作研究的基础。《圆明园四十景图》是以绘画形式表现的圆明园史料，有多个版本，彩色绢本《圆明园四十景图咏》、木刻版《圆明园图咏》、手绘本《圆明园四十景图》、彩色绢本《蓬湖春永》、法国《时世园林细部》（*DETIAL DE NOUVEAUX JARDINS A LA MODE*）（采用陈志华《外国造园艺术》书中所译之名）一书收录的"圆明园四十景钢笔画"等，这些史料全面地反映出了圆明园的景物形象，较准确地传达出四十景中每个景点的不同格局、不同风格，使人一目了然，其对于建筑形象和建筑群的展示非常清晰直观。

4.1.3 借助科研成果——推敲布局、考究细节

相关课题与科研成果可以作为参考，如郭黛姮教授主编的《远逝的辉煌：圆明园建筑园林研究与保护》中，依据档案和考古资料复原了部分被毁建筑形象，并绘出了平、立、剖面图。贾珺教授编著的《圆明园造园艺术探微》一书从圆明三园建筑空间、造园主题和写仿景观3个层面进行研究，这些科研成果为绘画创作奠定了较为科学的基础。同时，借助Sketchup软件制作模型，推敲园林空间和尺度，通过数字化模型的手段有助于我们从宏观上认识园林的总体布局和结构。此外，有关《圆明园》《颐和园》《避暑山庄》等大型专题纪录片中涉及图像和影像资料，这些重要的参考资料有助于展开更为深入的创作研究与实践探索（王丹丹、宫晓滨，2016）。

4.1.4 研习经典佳作——探究画理、求其变法

现存最早的中国画论,散见于先秦诸子和汉魏各家的哲学、文学著作中,只语片言,每有精义。对中国古代画论的搜集、整理、研究和学习、继承,以资古为今用,推陈出新,择善而取(杨大年,1984)。

中国传统山水画绵延几千年,名家辈出、流派纷呈,画论著录更是精严深广。《芥子园画传》是集明清中国画名家之杰作,分册记载了山水、兰竹梅菊、花卉翎毛和人物的各家画法;《中国古代画论类编》择要编辑了我国古代各种研究绘画理论的著作。"画无常形,但有常理",在技法的选择上,提倡"万法归一",即在满足设计科学性和艺术创作表现力的基础上,鼓励绘画风格的多样性和艺术性,以写实为主,适当兼顾写意,充实技法、完善创作。研习这些经典佳作,不断充实完善素描风景画教学,来寻求中国传统园林绘画创作的突破。只有"守法固严、变法须活"才能称之为创新。正如潘天寿在《听天阁画谈随笔》中说:"有常必有变。常,承也;变,革也。承易而变难,然,常从非常来,变从有常起,非一朝一夕偶然得之。"(刘松岩、刘志奇,2006)创新是以继承为基础,又以发扬传统为归宿。

中国早期画论着重论述的是绘画的教化功能。所谓"恶以诫世,善以示后""明劝解,著升沉""见善足以诫恶,见恶足以思贤"论述了当时的绘画对加强封建礼教、封建制度的巨大功能。唐代张彦远《历代名画记》在南宋山水画家宗炳、王微的传后论曰"图画者所欲鉴戒贤愚,怡悦情性"便是绘画具有欣赏功能。自唐宋以后,绘画的欣赏功能逐步被人们深刻地认识,认为绘画可以"启人之高志,发人之浩气",可以"养性情""涤烦襟",可以"烟云供养",令人长寿,"内可以乐志,外可以养身",这便是绘画除了具有认识和教化功能,还能够陶冶性情,丰富精神生活(杨大年,1984)。

4.2 园林素描风景画创作形式

素描作为西方绘画的基础,在如今有着广泛的应用价值,尤其对于创作的初始阶段,可通过绘制草图确定主题和形象。当然也有作为独立艺术形式的绘画创作,其中风景类绘画就是一个重要的领域。园林素描风景画的主要任务是研究和表现园林中的各种景物展开的艺术绘画和创作活动。素描作为造型的基本手段,其形式语言和表现方法多种多样,线条和明暗调子是素描最基本的艺术语言,线条能客观表现物象、传达主观情感,使画面具有极强的形式感,明确肯定、概括简练、生动自然,具有丰富的表现力和强烈的节奏韵律。明暗调子能使形体的塑造更为立体,还能将特定光感表达出来,对渲染情境很有效。而在实际写生和创作过程中,可不拘泥于单一形式,根据描绘主题采取适宜的方法,或将多种技法结合起来。

素描风景创作的工具选择并不局限,工具材料都可以多元化,如各种软硬铅笔、木炭笔、有色铅笔、钢笔、炭精条、毛笔、水彩笔等都可以作为创作工具。素描的铅笔有软硬两大类,笔触会随着线条的粗细、落笔的强弱发生变化,一笔落下会呈现出黑白灰色阶的层次感,如表现蓬松的树冠,宜采取侧峰快速用笔,落笔较轻;又如结构性的建筑房屋,采用较硬质的铅笔将轮廓清晰表达出来。当然,落笔的轻重缓急还是要服从画面整体的空间和主题的设置来定,不能教条化。任何工具都有使用的技法或技巧,铅笔的主要成分是石墨,因此材料的特性会给绘画创作带来很多丰富的变化,作画过程中可以利用一切有助于创作的辅助技巧,如利用橡皮可以擦出光影感,利用手指擦涂的方法也可收到特定的艺术效果,这些方法和技巧在于平时创作实践中的体悟和积累,同样也不能教条化,如不能服务于画面,反而画蛇添足。实际上,不同质感的纸张都可用作素描创作,呈现出的艺术效果也不同,如能结合作品主题选择合适的纸张进行创作,可收到事半功倍的效果。

4.2.1 结构素描

结构素描,是以结构形体研究为中心,将对客观事物的感知经提炼后用线条刻画出来,在创作过程中突出研究性和说明性。结构素描产生于1919年德国包豪

斯，其注重立体的观察方法，即多视点、多角度、多方位的观察方法，结构素描包括对形态的分析和对结构的理解，其特点是以线为主塑造形体结构的造型方法，以线塑造画面空间结构的造型手段，本质地反映形体的结构特征。德加说"素描画的不是形体，而是对形体的观察"，博巴讲"结构素描就是从我们眼睛看不到的东西开始画起，直到看得到的东西结束"。结构素描作为现代设计的基础，强调对形体和造型更为本质的认识与表达，同时便于培养理性的归纳概括能力，便于与当代风景园林设计与表达等相关设计课程结合。

结构素描属研究性素描，与传统素描的区别关键在于其绘画过程的推理性和研究性，对空间的理解、形态的组合透视关系，这些都是传统的写生素描不具备的，也将为日后的设计奠定良好的发展基础和空间，因此，掌握正确的观察方法和表现方法尤为重要（张宏勋，2008）。应用结构素描方法进行素描风景画创作时，首先要求作者对描绘对象由表及里、由外而内地进行观察分析，研究形体结构与空间结构之间的关系和规律。如描绘园林中的建筑结构时尤其注重科学性和严谨性，园林中的建筑、亭廊等形体的穿插联系，建筑与地形及环境之间的结构关系（图4-1），了解了物体的内部结构并掌握透视规律再进行创作表现，默画便能准确。结构素描严谨理性、层次分明、细致到位；重视以细致入微的观察、理性的分析为基础，笔法生动、造型严谨，表现力强，对繁杂物象、宏大场面具有概括能力。通过结构素描观察事物以及认识形体空间和训练表现方法，我们能更深入地理解结构的本质，为构想和设计奠定基础，为设计学科提供更多的隐性作用。

4.2.2 光影素描

光影素描风景画在渲染情境方面具有优势（图4-2），能够更立体直观地表现物体的形体结构，物体各种不同的质感和色度及物像之间的空间距离。光影素描可以理解为，在结构素描基础上的深入，表现和描绘光线变化对物体产生的影响，施以明暗，有光影变化，强调突出物象的光照效果。所有的艺术表现形式都应是服

图4-1　碧静堂透视图（结构素描）王丹丹绘制

图4-2　光影素描风景画（http://www.nipic.com/show/2/27/8517108ka3328775.html）

务于主题内容，因此根据主题内容和刻画的对象选择适宜的表现形式非常重要。

园林素描风景画创作过程，可以将结构和光影两者结合，既能使所描绘场景和物体的结构准确，也可以在此基础上进行适当的体量塑造，强化画面的空间感。在科学性和艺术性之间找到一种平衡的关系。从故宫宁寿宫花园入口近景、中景、远景3个空间层次的处理上可见，前景的叠石对比最为强烈，是为突出其空间位置，随后的建筑和植物对比逐渐减弱。（图4-3）

4.2.3　透视图创作

透视图是指以人的观察和使用为尺度参照的步移景异的画面，是最亲近人的尺度表达。将透视图与平面图、立面图、剖面图及鸟瞰图结合起来将是全面反映设计意图的图像艺术，如将平面布局中的景点以透视图的形式连贯地画出，串联起来就是生动的图卷，这在中国古代绘画创作中已有先例，如设计、描绘、记录一座园林常用的全景图和分景图。在此，训练透视图将为推敲设计提供帮助，更是从多个视角审视设计合理性的一种可视化途径，区别于写生绘画，园林设计类的透视创作因是对非现实景象的创作与想象下的绘画，因此有一定难度，对设计者的造景想象力是一个考验。想象的基础是大量日积月累的写生训练，设计的构思与表达的理解如此，绘画技法、技巧能力的培养和锻炼也是如此。

透视图在视觉角度上，仰视、平视、俯视兼有，而以仰视、平视为主要视角。常用焦点透视中的一点透视（平行透视）或两点透视（成角透视）。在训练过程中尝试景物的多角度、多视点透视变化，感受透视规律，并借助推导分析的手段进行辅助理解，在此基础上，要求在熟练掌握5种基本透视法则的基础上，完成平行透视与两点以上成角透视的结合，以及不平行摆放和高、低位置不同的建筑"多点复杂"透视规律的运用。

在创作之前勾勒多幅小构图是必要的，在构思图上要首先确定好视平线。视平线的选择和确定关系到整幅画作的基本透视关系和基本构图，明确构图后，在正稿创作时还是要从整体关系入手，建筑部分可借助尺，其他如山石、花木、水系等可徒手绘制，透视图因视点降低，因此如建筑结构及与周边廊等环境的穿插关系清晰可见，所以必须交代清楚，这里就需要对每种建筑类型的基本构件做到心中有数，要能够默画出来。

图4-3 故宫宁寿宫花园入口 王丹丹绘制

如图 4-4、图 4-5 所示为两幅园林素描创作，通过作者目识心记，默画出图中建筑、山石、水体的自然结合，这是在大量写生记忆基础上的创作，合情合理、布局生动，集中体现中国传统园林的曲径通幽、小中见大的创作思想。在远近空间处理上，虚实结合，突出建筑结构的准确性、科学性，植物和山石的线条潇洒干练，近景实画、远景虚画，利用对比的手法表现整体场面的空间感，使画面充满浪漫的艺术气息。

4.2.4 鸟瞰图创作

鸟瞰图是反映园林总体布局的较为直观的视觉图像，具有很强的说明性和一定的科学性和艺术性，是对画者空间思维、空间想象与艺术创作相结合的综合考验。鸟瞰图需要在深入分析平面图、立面图、剖面图的基础上，选取角度进行绘画创作。作为风景园林专业绘画，这类绘画的实用性和说明性，是表达设计意图的艺术语言，是与设计的艺术构想相辅相成的。

鸟瞰图是高空视角下俯视全景的效果呈现，描绘对象均在视平线以下，了解和掌握视平线以下景物的空间感与远近表现规律是创作的前提，对应平面与立面、剖面的空间位置，可采取网格法控制好全局。具体来说就是先在平面图上根据图面需要布置单元格，平面图网格规划与透视网格和倾斜角度的确立，以及最佳取景方向与视角、视点的决策，按照整体透视法再从网格中定位出轴线关系、园林建筑及其他控制性的点景物，通过对园林建筑的建筑形式与尺度，比例与形象特点的绘画分析，以及在鸟瞰情况下的建筑整体与细部的基本结构关系与概括刻画。协调好景物三维空间在鸟瞰情况下的基本组合规律，在总体格局确定无误的基础上，再进行园林内其他要素的布置。对于鸟瞰视角下的植物画法，无论大乔木、小灌木，其距离视点最近的都是树冠部分，树干及分枝已被透视压缩，甚至在鸟瞰角度看不见。其他如山石、园路、草地、天空、水体和山体及地形变化均与总体鸟瞰视角保持一致。

专业绘画可以将徒手和尺规结合进行创作，鸟瞰图中借助尺规可以使透视关系更为严谨，逻辑性更为凸显，在实现平面到空间的转换过程中训练形象思维能力与艺术想象能力。在中国传统园林鸟瞰图创作中（图 4-6～图 4-8），作者描绘了一处精致的园林居所，其中集结了多种园林构筑形式，多样的曲廊、爬山廊，错落有致的地形与建筑、山石、植物营造出一个惬意的环境。画面采用两点透视鸟瞰取景，寻径探幽，在观游过程中体验这令人神往的精神家园。在开始创作前，作者能够做到心中有数亦心中有画。画作步骤如下：

步骤一，整体入手，遵循透视原理，首先将全园整体关系建立起来，建筑位置安排有序，相互间彼此关联，符合逻辑，建筑位置安排得当，再简要概括出环境要素（图 4-6）。

步骤二，刻画建筑结构关系的同时，组织好远近画面的层次，刻画建筑时从建筑的基部开始，再根据透视关系立体化，建筑形制基本明确，熟记建筑的基本形式及屋顶样式和透视效果的表达，建筑单体在与周边构筑连接时充分考虑地形的变化，山石的疏密关系，植物的类型，水流的姿态，不断充实画面内容。切忌在整体关系未确定的情况下深入局部，在这个过程中经常将画面推向远处进行整体观察（图 4-7）。

步骤三，针对画面中最吸引人、最为生动有趣的位置着重刻画，强化其视觉中心的地位，再环顾画面整体，注意画面角落的处理，切忌喧宾夺主，画面整体要张弛有度，对比与协调，强化画面的层次感。最后审视全图，稍做局部修整即可（图 4-8）。

图4-4 园林默写透视创作（一） 宫晓滨绘制

第4章 园林素描风景画创作途径与形式

图4-5 园林默写透视创作（二）宫晓滨绘制

图4-6 中国传统园林绘画创作鸟瞰图步骤一 宫晓滨绘制

图4-7 中国传统园林绘画创作鸟瞰图步骤二 宫晓滨绘制

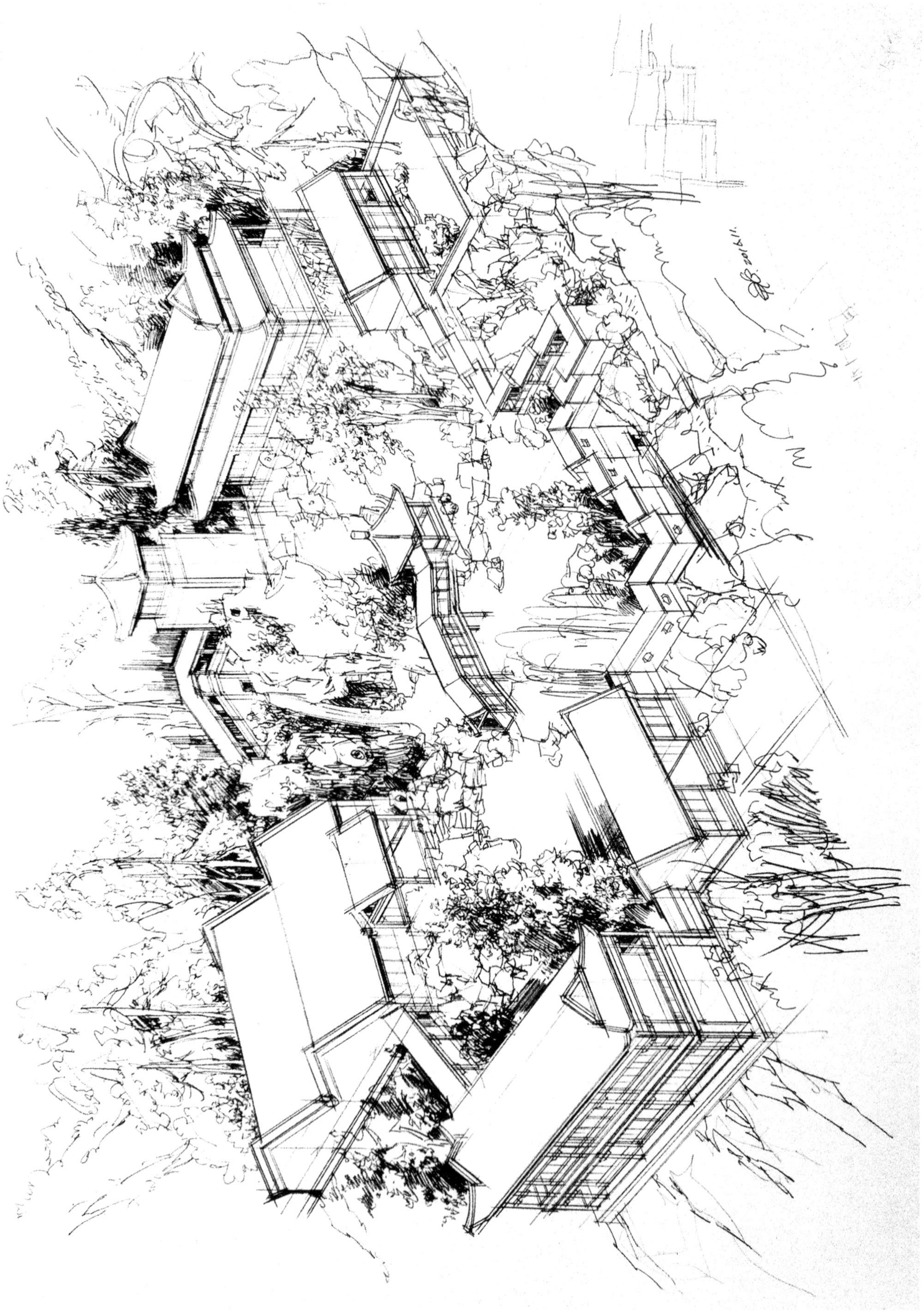

图4-8 中国传统园林绘画创作鸟瞰图 宫晓滨绘制

第5章 园林素描风景画创作步骤与实例

设计意图的表达包括图纸和模型两个部分，相对于实体模型来说，绘制透视效果图能更加真实生动地再现环境氛围。素描风景画创作需要具备科学性和艺术性的统一，科学性体现在以原设计的平面图、立面图、剖面图为依据，遵循空间、比例、尺度的要求，对于严谨的建筑结构、竖向变化等不能用写意的方法进行表现，而对于山石、植物可以在写实的基础上结合适当写意来渲染气氛，在真实完整地再现主景的同时，处理好与画面配景的关系（宫晓滨，2010）。

手绘图纸更能传情，更耐人寻味。写生与创作不同，写生面对的是真实场景，培养学生观察、分析对象的能力，使学生对形象的把握更加敏锐和深刻。写生的吸引力在于其能为创作提供各种可能性，在写生中取舍就是第一层次的创造，需要在艰苦训练中提炼，以便言简意赅、为我所取。创作是要在写生的基础上适度地主观能动，需具备提炼、概括、想象，在遵循科学性、艺术性的前提下，画法可以多元，需要将凌乱的、烦杂的场景进行提炼、取舍、概括，进而表现重点。

以线描与轮廓为基础，将素描的特质表现出来，用粗细线结合的方法增强描绘物象的空间层次，区别于尺规作图和钢笔画。具体案例的基本创作流程分为：根据图纸资料和遗址调研情况，选择绘画角度、确定构图、描绘和润色加工。具体内容结合下文实例进行解读。

5.1 创作步骤

5.1.1 识图与调研

园林设计图纸包括平面、立面、剖面、透视和鸟瞰图等多种表达形式，有计算机绘图和手绘图两种，其中计算机绘图有静态图和动态图两种，动态图以丰富动感的动画演示更为直观。在根据中国传统园林中仅存的一些平面图档和现场遗迹进行绘画创作时，着实要花一番工夫，首要问题是要读懂图纸，即识图，识别各种园林要素在平面中的表达，包括各式园林建筑、山石、水系、植物，对于绘画创作中常用的中国传统园林建筑形式，要熟记于心。平时搜集整理建筑底层平面、屋顶平面、立面图、俯视图、平视图、仰视图等图纸资料，为不同类型的园林创作积累素材。

实地调研是掌握创作素材第一手资料的重要途径。科学分析平面图中的各项要素，重点对地形、水系、建筑基址结合遗址现状进行核对，将复原平面图纸对应遗址现场，并用网格法进行平面定位，分别确定建筑、山石、水系的相对位置，在遗址现场对园中不同位置的遗址遗迹进行草测，勾勒速写，强化记忆和感知，正所谓"搜尽奇峰打腹稿"。在为创作积累现实素材的基础上，透过遗址多捕捉情感要素，同时定点在不同位置拍摄照片，为构思全景和分景透视角度提供素材参考。其中现存的一些园林、建筑以及院落空间也为创作提供诸多直观的视觉参考。调研中的测量写生过程能够增强对场所的感知（图 5-1），中国传统绘画讲究默背训练，提高动态事物的形象捕捉能力，丰富并提升头脑形象记忆能力。对调研的成果进行归类，有拍照图像和即兴速写两种形式。历史上很多杰出的大师，如达·芬奇、丢勒、伦勃朗、米勒、梵高都留下了非常多的风景素描作品。临摹训练是整个学习过程的一个重要环节，是一种学习手段，而非目的，因此，临摹时要明确目的，到底是为了解决什么问题而临摹，无目的地复制一个图像，便无意义。

在实地调研过程中结合写生训练是寻找、积累创作素材的必要前提。创作前以速写的形式进行推敲，根据图纸完成构思草图，其好处是有利于形象特点的捕捉，对物象有选择性、针对性地进行表现，有助于主观审美意识的提升。通过实地调研考察，了解园林要素之间的组织关系，多以速写形式记录和记忆，图示表达，细节处可增加局部节点图的绘制。作为创作前的准备训练，离不开现场速写，速写是通过眼睛的观察、取景、记录第一感受，将最打动你的画面迅速记录下来，有些速写本身也成为一幅画作。其反映的是眼睛、脑、手、心等感官的综合训练，正如吴良镛院士所说："凡是做了速

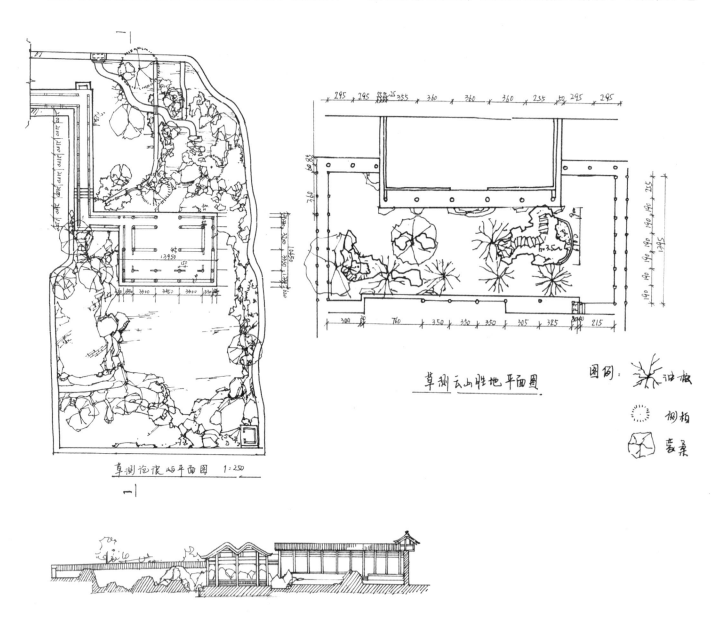

图5-1　园林草测图　风景园林专业2011级　温馨绘制

写的，至今几十年后甚至半个多世纪以后仍历历在目，而一般照相不免模糊甚至遗忘了。"随着计算机技术的进步和普及，用手绘的方式进行记录和创作表现的图纸在一般设计竞赛中已经比较少见，取而代之的是大量绚丽的计算机效果图，当然计算机和照相技术的直观和精准性毋庸置疑，然而在风景园林学科人才培养过程中仍需加强手绘能力的训练以提高学生更多方面的艺术修养。

5.1.2 构思与立意

构思是作者运用主观情思，按照创作主题，根据反映在头脑里的现实生活，塑造艺术形象，酝酿结构、细节、设计表现手法的重要活动。只有通过充分的构思活动，才能进入能动的表达，最后创作出符合或比较符合作者理想的文艺作品。尽管在构思进行中"精骛八极，心游万仞"（陆机《文赋》），但并非脱离形象思维，构思的进行可以不受时间、空间的限制，"寂然凝虑，思接千载；悄焉动容，视通万里"（《文心雕龙》）。古代画论中，有关于以诗句为画题考试取士的记载，说明在构思活动中可以利用画者此时此地对生活体验的积累，去描绘彼时彼地他人用文字提示的某些事物和意境。在构思活动的全过程，都以情感作为重要的心理因素。要让作品能感动观者，一定首先感动自己。"登山则情满于山，观海则意溢于海"，作者的情满意溢正是作品情景交融和感动观者的先决条件。立意讲求意境酝酿与创造，讲求"艺境"之高低与文野。前人云"境生象外"，要追求"象外之象""景外之景"，其需通过观察体验，发掘蕴藏在大自然、大社会的文学情调、诗情画意，加以塑造，在此，有形之景与无形之境是统一的（吴良镛，2002）。在《吴良镛论绘画》一文中强调训练徒手画的表现技巧，以得心应手地表现建筑的构图、质地、光影，以及自然环境等，其奥妙无穷。欧阳修曰："若乃高下向背，远近重复，此画工之艺耳，非精鉴之事也。"他认为绘画如仅止于表现物象的高下向背、远近重复，只不过是画工之艺，非高水平的鉴赏之事。也即要求绘画能构思于意、寓情于景，画有尽而意无穷。

在构思过程中，需遵循立意，进行透视角度的选择，即平视、俯视、仰视，参考现场调研的拍摄角度选择最佳的创作视角并勾勒系列构图小稿；风景绘画与园林景观创作，其内在的人文内涵是相通的，揣摩记载中有关园内景致的描绘诗句，通过图像艺术语言，从触景生情到借景生情，创作者将真情实感融入艺术创作的构思过程，如此才能使其作品在彰显艺术个性的同时感染人。

5.1.3 取景与构图

取景要有规矩，切忌随意，以什么视角看，看什么景，根据视线与景物的关系进行取景，一是根据表现主题来选取最佳视角画面；二是有取景就有舍景，取舍之间符合构思构图的需要，一个好的取景是物象和作者充分互动思量的结果。

从构思草图中选择最终的透视角度，将所有物象遗址部分结合图纸资料先在透视角度上确定底平面，尤其建筑首层平面位置，因关系到假山、地形等。创作性的取景构图，是指一方面可以使用多处多种风景素材，不局限于一处一点；另一方面更加强调"借题发挥""借景抒情"等。取景与构图是交织在一起进行的，边实习采风，边取景，思量构图，打腹稿，多画小构图草稿（图5-2），不断斟酌构图小稿中各景物景象相互之间的呼应、对比、节奏、韵律及情调等。构图涉及画面中整体与部分、主次关系等问题，是认识与掌控画面的关键，贡布里希曾说："每一件他特别欣赏的艺术品里都隐藏着一个'和谐的整体'。"整体观在绘画中的运用就是指对画面的各个局部有机联系、通盘考虑，以达到画面的整体和谐，而不是为突出某个局部的精彩，破坏整个画面的和谐。

关于构图的记载，早见于东晋顾恺之的《画云台山记》，他提出"若以临见妙裁，寻其置陈布势，是达画之变也"。"妙裁"即指构图，"临见妙裁"即随机取舍，体现潇洒自由的创作思想。潘天寿在论绘画中强调："为了达到画面构图均衡又赋予变化，可以大胆地舍弃那些烦琐而可有可无的东西，也可以把某些景物稍加

图5-2　取景与构图小稿　风景园林专业2011级　温馨绘制

移动或变形。"南齐谢赫在"六法"论中提出"经营位置"，此即"置陈布势"。古今中外，无论题材，构图均讲究画面的平衡、对称、呼应及多样统一等。中国传统园林的绘画创作根植于传统文化，创作形式和表达手段可以很丰富，但法变道不变，其中的道指的是规律性。中国园林有画意，绘画和造园犹如姊妹，相融相通，立意在先，讲究取舍，提出"置陈布势"理论，对体现"势"起关键作用的"骨架"的安排，置陈是指位置陈列，也就是决定形状、色彩在画面中的位置，"布势"指启示的布局，指体现气势的骨架。黄宾虹曾说"对景作画，要懂得舍；追写物状，要懂得取；舍取不由人，舍取可由人"，说明了构思构图过程中根据创作需要，进行选择提炼非常重要，而如何取舍就涉及"势"，指的是在对象的表面，是对象生动而有节奏的形式感，取势和造势在构思构图阶段是第一位的。此外，还要考虑到宾与主、藏与露、轻与重、疏与密、大与小、虚与实等关系。南齐《古画品录》提出六法论：一气韵生动，二骨法用笔，三应物象形，四随类赋彩，五经营位置，六传移模写，其中经营位置指的就是构图。唐代张彦远在《历代名画记》中指出"至于经营位置，则画之总要"，第一次明确地把构图提到了最为重要的位置。石涛所谓的"吾道一以贯之"，潘天寿"绘画之事，宇宙在乎手"，都是指画面作为艺术创造的自身圆满性。"万物归一"就是整体，绘画作品既是局部，又是全体；既与画外实践和空间有联系，又有相对的独立性。

构图是研究画面结构及表现规律的一门学科，构图就是边框内各个图形的空间占有，构图三要素即边框、位置、骨架。所绘物象的位置一定要与画面的4个边界发生关系，一定会对边框内的空间产生分割和组合。风景画的构图安排是整个作画过程中重要的一步，开始可以反复地多画一些小幅草图，反复比较推敲。构图反映作者的感受和意图，构图训练的过程，是对物象进行推敲提炼、选择判断的过程，是发现更是思维不断深化的过程，即创作过程的最为重要的开始。从小构图开始，进行反复研究和推敲，是一个创作成功的关键，不能也不应省略这一步。构图之初，我们运用线条在边框里安排物象位置并分割空间时，确定画面空间位置及物象摆布，完成画面构图第一步。构图是创作者的个人感受、情感表达以及审美追求的综合表述方式。反复推敲构图，不断地在画面空间里摆布物象的位置，获得更准确的表达情感、更符合艺术规律、更具视觉效果的表现形式，从而达到创作的目的。随手记构图的习惯会提高我们对物象与环境关系的比例尺度感。作为辅助取景工具，也可以用相机或手机结合现场遗迹的调研、拍摄、综合选取合适的角度，多重构思辅助创作。

5.1.4 透视与比例

文艺复兴创立了数理几何基础上的造型方法，按照达·芬奇的理论，透视学包括线透视、空气（色彩）透视、隐没透视（戴逸，1979）。透视图与立面图和轴测图不同，要遵循严谨的透视规律，透视图要依据并反映出设计平面图、立面图中的各项技术要求，并在科学性的基础上适当运用艺术创作的手法，更好更美地烘托主题和表达意境。透视图常以人的视点为基础，多为平视或稍加仰视，其视平线基本上在景物中部穿过并根据构图需要可稍有上下移动。透视图角度的选择往往与园林中游览路线、观景点相呼应，想要画好透视，首先要有整体意识，以构思构图为依据，选择合适的透视方式，进行相应的透视图绘制，从整体到局部均需遵循透视规律，切忌在画到细节处忽视整体透视关系。即便有了很好的构思，如不注意透视和比例，也无法成为一件成功的作品。比例尺度是反映一个场所空间感的重要体现，无论是透视图还是鸟瞰图（图5-3～图5-6），景物比例关系都要基本准确，当然，重点部分需要强化和适当夸张，但要把握适当、适度的原则，切忌无章法肆意夸张，形体的体量、比例、透视一定要兼顾。

在中国古代界画中拥有大量的山水楼阁，都是我们画好鸟瞰图的重要参考。当然为了画好透视图、鸟瞰图，有5种基本透视法则，要求必须透彻理解和牢记，并能熟练默画，分别是一点透视（平行透视）、两点透视（成角透视）、三点透视（倾斜透视、俯视、仰视）、多点透视（不平行的线、体透视消失）、平行圆透

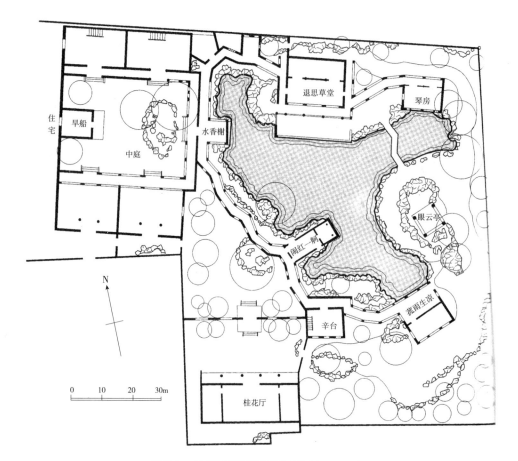

图5-3 苏州退思园平面图（魏民，2007）

图5-4 苏州退思园实景图　王丹丹摄

1	2	3
4	5	6	7

1.退思草堂　2.闹红一舸　3.菇雨生凉　4.自揽胜阁俯视水香榭　5.眠云亭　6.揽胜阁　7.透过水面平桥看琴房

退思园位于江南水乡吴江同里古镇东溪街，距苏州古城18km，占地0.65hm²。园名"退思"取自古书《左传》"进思尽忠，退思补过"，园内景点简朴无华、清淡素雅，著名园林专家陈从周教授誉之为"贴水园"。该园集清代园林建筑之长，园内的每一处建筑既可独自成景，又与另一景观相对应，具有步移景异之妙，堪称江南古典园林中的经典之作，是进行园林素描绘画和创作的经典案例。

图5-5 苏州退思园鸟瞰图 王丹丹绘制

突出退思园核心区域,选取成角透视鸟瞰表现,由近及远,以水面为中心,自菰雨生凉、闹红一舸、水香榭、退思草堂直至揽胜阁依次展开。由平面到立体生成严格遵循透视规律,注重线条结构的穿插。

图5-6 闹红一舸透视效果图 王丹丹绘制

闹红一舸为一船舫形建筑，船头采用悬山形式，屋顶檐口稍低；石舸突兀池中，风吹不动，浪打不摇，人站船头，半浸碧水，水流漩越湖石孔窍，潺潺之声不绝于耳，仿佛航行于江海之中。外舱地坪紧贴水面，行云倒影浮动，恍若舟已起航，别有情趣。石舸之四周，夏秋季节，原植有荷花及菰蒲，绿云摇摇，清风徐徐，荷池中船头红鱼游动，点明"闹红"之意，妙趣无比。

视（宫晓滨，1997）。

鸟瞰图在园林、风景园林专业中发挥着重要的作用，能够全面而生动、直观形象地体现全园或区域内空间的布局，所描绘的景物均在视平线以下，并遵循透视规律。"远山须要低排，近树惟宜拔迸"所言即包含透视理论，远山要低，近处的树要画的高耸突出（杨大年，1984）。一幅优秀的鸟瞰图可以在满足风景园林设计要求的基础上，成为艺术水准较高的绘画。

5.1.5 渲染与情境

最后的深入细化和渲染的过程，其整体性和全局意识是该阶段的重点。境界主要是指精神层次，与格调的含义相近，是情景交融的产物，离不开景与境，它是表现技法和意境、格调、学养等多种精神内涵呈现给读者的总体感受。

对于园林与自然风景绘画创作中艺术造型的基本问题，万事万物均有规律，尤其在造型的初始阶段，用概括的方法，顾大局、识整体地科学观察与分析，把握全局与局部的关系，删繁就简，对于园林风景与自然风景的形象差异、特点对比要在整体关系确立下来后再进行推敲，对物象大关系、大形体的概括与处理手法是我们把握画面总体布局需要掌握的技能。

景物形象与透视感觉的视觉经验分析和对景物结构的深度理解是伴随不断的创作和实践逐步积累起来的，至于生动而准确的笔法、素描线条本身美感的表现与画面的意境和韵味更是需要不断地创作，并从中体悟，这也是艺术家形成鲜明个性和艺术风格的必经之路。中国园林是诗画一体的空间，情境的渲染是画面获得感染力的基础，渲染情境的方法和手段根据具体场景而异（图5-7、图5-8）。

5.2 创作实例

所谓创作，本教材主要是指风景园林与现代景观设计的表现绘画，根据风景园林规划设计的专业要求，培养学生逐步具备一定的设计表现绘画能力，是我们进行美术教学的主要目的之一。因此，与设计相结合的园林风景绘画创作，是本教材的重要环节。艺术并不是仅仅为了模仿现实和表现对象而成为艺术。绘画的主要目的不仅在于画出对象，这个观念在元代赵孟頫的《枯木秀石图》（图5-9）完美地呈现出来，并题诗于画旁，即"石如飞白木如籀，写竹还应八法通。若也有人能会此，方知书画本来同"，这也标志着中国艺术开始了走向世界艺术史之路。与园林题材相关的绘画创作自古至今都是通过画面传递和讲述着人与自然这一既古老又现代的主题，这也将是人类面临的永久主题。目前以园林绘画与园记、园诗相结合来展开研究已成为新的趋势之一。与造园有别，园林与绘画可相互滋借，绘画等相关艺术门类可用为佐证材料，但不宜简单地视为能够相互支撑的史实材料（黄晓、刘珊珊，2017）。对园林绘画的图像机制的探索为传统园林的研究注入丰沛的活力。而从教育教学角度，前沿理论研究及成果与教学实践的充分结合，才是推动学科发展和人才培养最佳模式，因此在本教材写作过程中力求与学术研究同步同行，教材内容和案例的选择突出时代性、针对性和典型性。

中国园林博大精深，在漫长的发展历史中，诞生并留存下来的优秀园林与消失的园林相比可谓冰山一角，因此，在案例的选择上突出典型性、示范性的原则，如清代鼎盛期的皇家离宫御苑是中国古典园林艺术集大成之代表。本教材首先选取北方皇家园林的颐和园、圆明园、避暑山庄3处园林中的部分遗址区，结合文献史料、楹联诗画及相关科研成果，从诗画到实景，以实景觅画境、情境、意境，以贯穿全园并使整个园林形成一个现实生活中的时间、空间的道路为纽带，移步换景成画，令观者由画入景、由景入境，通过图与画的结合对园中园的个体创作途径进行分析解读。此外，除了皇家园林外，众多的私家、寺观园林也彰显出非凡的艺术魅力，世界园林体系庞大、素材丰富，即便是已经消失的

图5-7 苏州狮子林一景 王丹丹绘制

苏州狮子林内一景十分入画,故将园林小筑作为主景,其线条坚韧有力,突出建筑轮廓,屋顶留白处理,用不同笔触刻画周边丰富的植物,以线条调子结合的方式与建筑形成对比。

图5-8 杭州西湖园林一景 王丹丹绘制

杭州西湖湖边的林间小屋,光线透过高大乔木映射进林下的小屋,十分幽静,建筑的硬朗线条和植物婆娑身影相映成趣。前景植物有质感对比,通过枝干线条、繁茂处留白及光影强化等手法,使画面空间感同到感得到强化。

图5-9 秀石疏林图 赵孟頫（北京故宫博物院藏）

园林，如在文献考证基础上，对其展开复原性的绘画创作，也必将推动历史园林的多维度研究。

为使"园林素描风景画"课程的教学内容有效衔接风景园林专业相关课程，教材中的案例选择与风景园林专业的南北方实习紧密结合，如分布在苏州、北京、承德的三处狮子林景区在造园理法上一脉相承，尝试探寻诗情画意再现其情境，多元再现园林经典佳作，为展示和宣传历史名园奠定基础。通过不同园林和遗址的复原绘画创作与表达，解读中国传统造园艺术对当今的风景园林规划设计具有重要启发、指导和借鉴意义。而对于园林景致，因四时季相、风雨阴晴、花开花落有着大不同，情景相生更是触动心灵，由此，鼓励一切绘画手段为展现园林艺术创作服务。

5.2.1 颐和园遗址复原绘画创作与表达

在清代所有的皇家园林中，颐和园是造园艺术成就最高的一座，也是目前北京西北郊唯一保存完整的御苑，被誉为中国古典皇家园林的传世绝响（贾珺，2009）。颐和园（图5-10）距离故宫紫禁城约15km，占地面积300.8hm²，由万寿山、昆明湖、西堤及诸岛屿构成山水环绕、堤岛映带的景观格局，其中后山后溪河景区内除少数复原外，大部分为园林遗址区，是开展复原绘画创作的好素材（图5-11）。万寿山与永定河冲积扇和南口山冲积扇之间的低洼地带形成的从天然水库到人工水库的变迁，为周边人文景观的开发打下了基础。"十里香风荷盖浪，一川云景柳丝烟。玉虹遥亘西湖上，翠阁双悬日月前。春湖落日水拖蓝，天影楼台上下涵。十里春山行画里，双飞白鸟似江南"，所描述的就是元明时期这一带人文与自然景观交织的水乡图画。

在清漪园时期，西山一带的"三山五园"格局是一个完整的整体，园林景观连为一体并充分借景。乾隆诗"淀池（圆明园）水富惜无山，田盘（盘山静寄山庄）山好拙于水"，点出了圆明园、静寄山庄山水不能兼得的遗憾，而西北郊三山五园纽带位置的颐和园，则兼具山形水胜，写仿杭州西湖，即"面水背山地，明湖仿浙西，琳琅三竺宇，花柳六桥堤"。

颐和园可称得上是一座活的园林博物馆，"因山构室"造园手法体现天人合一，自然环境和人居环境的融合，保存并涵盖了中国园林建筑的大部分形制。园林中的景观建筑变化丰富，与地形地势关系密切，乾隆《塔山四面记》："室之有高下，犹山之有曲折，山之有波澜，故水天波澜而不致清，山无曲折不致灵，室无高下不致情。然室不能自为高下，故因山以构室者，其趣恒佳。"颐和园也是楹联匾额最为集中的皇家园林，透过

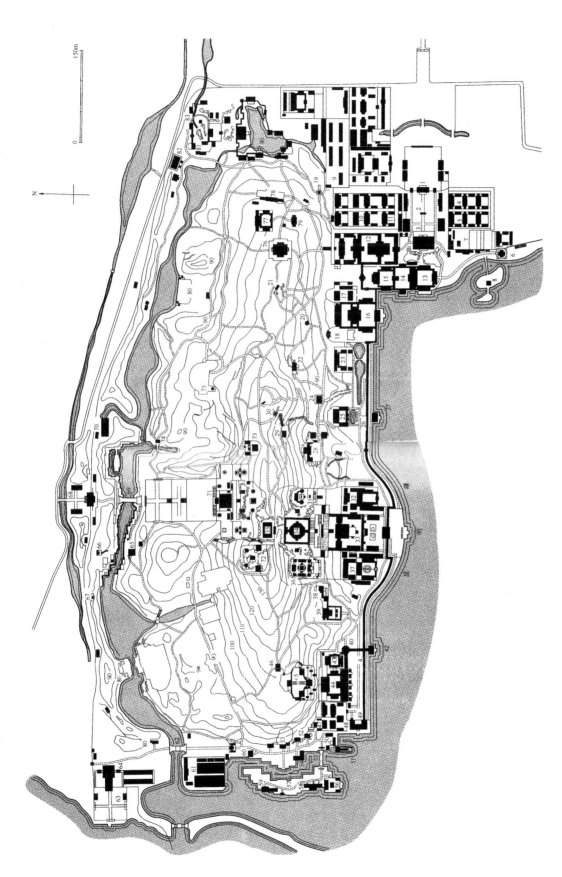

图5-10 颐和园万寿山平面图（魏民，2007）

1.东宫门 2.仁寿门 3.仁寿殿 4.奏事房 5.电灯公所 6.文昌阁 7.耶律楚材祠 8.知春亭 9.杂勤区 10.东八所 11.茶膳房 12.德和园 13.玉澜堂 14.夕佳楼 15.宜芸馆 16.乐寿堂 17.永寿斋 18.扬仁风 19.赤城霞起 20.含新堂 21.荟亭 22.养云轩 23.福荫轩 24.意迟云在 25.无尽意轩 26.长廊东段 27.对鸥舫 28.写秋轩 29.重翠亭 30.千峰彩翠 31.转轮藏 32.湖山真意 33.排云殿 34.佛香阁 35.智慧海 36.宝云阁 37.清华轩 38.邵窝 39.云松巢 40.山色湖光共一楼 41.长廊西段 42.鱼藻轩 43.贵寿无极 44.听鹂馆 45.画中游 46.北船坞 47.西四所 48.承荫轩 49.石丈亭 50.寄澜堂 51.清晏舫 52.小有天 53.延清赏 54.临河亭 55.五圣祠 56.荇桥 57.小西泠（长岛） 58.迎旭楼 59.澄怀阁 60.宿云檐 61.景福阁 62.半壁桥 63.如意门 64.德兴殿 65.绘芳堂 66.妙觉寺 67.通云 68.北宫门 69.三孔桥 70.后溪河船坞 71.香岩宗印之阁 72.云会寺 73.善现寺 74.黄辉 75.多宝塔 76.景福阁 77.益寿阁 78.乐农轩 79.自在庄 80.谐趣园 81.霁清轩 82.眺远斋 83.东北门

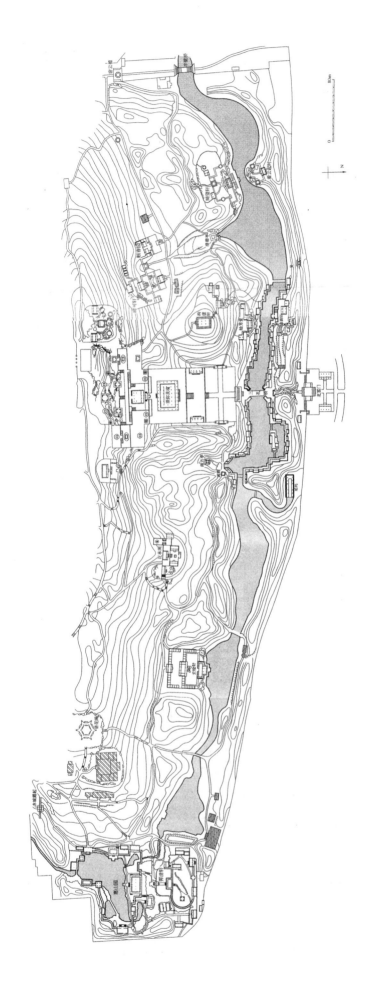

图5-11 颐和园万寿山后山平面图（魏民，2007）

凝练的楹联匾额，有助于从本质和内涵方面理解和体会其中的意境，对绘画创作十分有益。

万寿山以北的后山一带，地形多变、环境幽邃，景色质朴天然，与前山形成强烈对比，为中国传统造园的典范之作。乾隆在诗中常把这一区域比拟为魏晋文人笔下的浙江山阴，后溪河也被想象为古诗意境中若耶溪与梁溪（夏成钢，2008）。现存及复原的园林景区有谐趣园、画中游、云松巢、邵窝殿、写秋轩等。在此，仅选取颐和园内谐趣园和后山后溪河景区中几处遗址区域作为教材案例，其目的是希望在对颐和园整体造园了解的基础上，先易后难，针对有参照的创作以谐趣园为例和有遗址的创作以绮望轩、赅春园为例，在文献搜集的基础上，通过现状调研、创作依据和创作步骤分别进行解读。

5.2.1.1 颐和园——谐趣园（现存）

关于颐和园文物建筑测绘，早在20世纪30年代中国营造学社成员朱启钤、梁思成等人就提出：系统的测绘调查是解读、认识及传承中国建筑文化的基础工作。同样，在创作之前充分的调研测量是非常必要的。

选择谐趣园进行绘画创作，其理由有二：一是谐趣园是清代皇家园林写仿江南名园的第一件作品，具有典型的示范性，其中乾隆时期的惠山园是对寄畅园文人雅致和山林野趣的景致写仿最为接近的时期，该园从乾隆时的惠山园建设后，经嘉庆、光绪至今虽然经历扩建、重修、复原等一系列变动，但其地理位置未变，对于复原惠山园时期的景象十分有利；二是考虑到该课程的创作性特色，谐趣园在历史变迁的过程中正是体现了仿中有创这一点，由景到图再到景的仿中有创的过程，也阐明了绘画与造园的密切关联性。这座以写仿无锡惠山寄畅园而建造的谐趣园位于颐和园内东北隅，万寿山东端，与霁清轩相邻，占地面积10 161m²，建筑面积2046m²，包括涵远堂、知春亭、湛清轩、知鱼桥、洗秋、饮绿等殿堂15座，游廊115间，是一组依山环水修筑的独立小型园林院落，素有"园中园"之称（北京市颐和园管理处，2014）。乾隆《惠山园八景诗》有序云："江南诸名墅，惟惠山秦园最古。我皇祖赐题曰寄畅。辛未春南巡，喜其幽致，携图以归，肖其意于万寿山之东麓，名曰惠山园。一亭一径，足谐奇趣。"其实寄畅园早在乾隆南巡前就名声大噪，在乾隆十六年（1751年）巡游期间就命宫廷画师把园景摹画成图，回京后在清漪园的东侧建惠山园，并于乾隆十九年（1754年）建成。惠山园与寄畅园在布局上形似，在建筑风格上也有神似之处，乾隆很满意，亲自题署"惠山园八景"并多次赋写《惠山园八景诗》。后经嘉庆年间扩建和光绪重建后至今。谐趣园尽管经历扩建重建，景致不如建园之初疏朗，但大体结构一致（图5-12）。在园林空间布局、建筑形制、叠石理水、植物景观等方面可作为绘画创作的参照。但人工建筑比例大量增加，原先山林野趣大幅减小，园林风格自然也就改变很大。由此在充分了解谐趣园前世今生的历史沿革和造园艺术手法的基础上，尝试复原清漪园时期的惠山园景致，借以全景鸟瞰图和分景透视图等多种绘图手段进行创作的教学研究方法，不失为一种深切体会经典造园的一种新探索。

（1）现状调研

作为创作前的准备，在整理文献的基础上，多次深入实地调研考察，体验实景空间是必不可少的，以便为后期的创作提供参考。根据不同时期的图纸比对，现状谐趣园中的建筑形式多样，有悬山、歇山、硬山、悬山卷棚勾连搭、四角攒尖亭等，分别与廊子衔接方法较为直观，为清楚地了解其结构，可借助山石地形，以俯视、仰视、平视多角度观测，熟识并勾勒出各种建筑与游廊的接法。地形与建筑、亭廊的处理关系，水景是主体，建筑游廊环水或近或远安置，穿行其间，感受时空的转换，这些体验与感受对复原清漪园时期的惠山园有重大意义（图5-13~图5-15）。调研的同时进行细部写生（图5-16），以速写或钢笔画的形式进行记录，对后期创作很有帮助（图5-17~图5-19）。

（2）创作依据

《日下旧闻考》记载："惠山园规制仿寄畅园，建万寿山之东麓……惠山园门西向，门内池数亩。池东为载时堂，其北为莫妙轩。园池之西为就云楼，稍南为澹碧

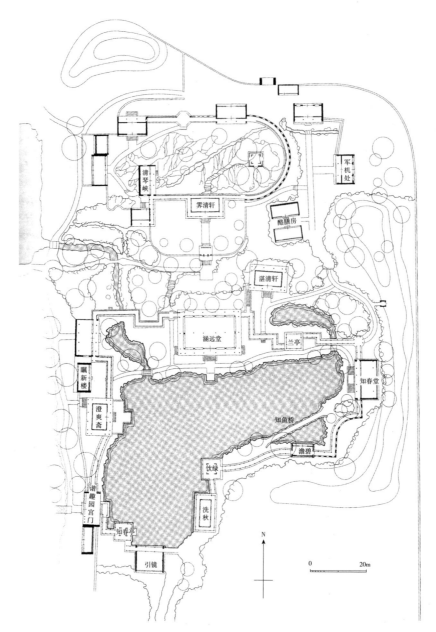

图5-12 谐趣园平面图（魏民，2007）

斋。池南折而东为水乐亭，为知鱼桥。就云楼之东为寻诗径，迤侧为涵光洞。"根据文字记载可知乾隆时期惠山园的大致情况。虽然能从大量描写惠山园诗句中畅想美景，但总有望尘莫及之感。

艺术史家高居翰指出，园林绘画的主要功能之一便是"作为视觉记录和美学再创造"，在此强调的是园林绘画的写实功能。而关于园林绘画的常规模式，在明清造园盛行的推动下，发展出一套系统的操作程序，即一座园林由园记、园诗、园图三部分诠释其貌其意，基于此，即使园林被毁，还有线索可循，这也是当前我们研究历史园林的重要途径之一。关于咏颂谐趣园的御制诗从乾隆十九年（1754年）到咸丰六年（1856年），共计160首，这些珍贵的资料为近些年谐趣园修缮工作提供了最直观的历史依据，同样从这些诗文中也能体悟出如诗如画的情境，作为创作依据，探寻其中的诗境和意境，提取物象，为创作构思提供重要参考，对复原惠山园的景致十分珍贵。乾隆皇帝特别欣赏无锡寄畅园，其中"无多台榭乔柯古，不尽烟霞飞瀑潨"的质朴景色，感悟诗句中描绘的景致，有助于创作。对于园图，虽从记载中得知乾隆巡游期间曾命宫廷画师把寄畅园景摹画成图带回用作建设惠山园之参照，遗憾此图无存。然而我们可从前文提到的园记、园诗、园图构成的展示园林

图5-13 谐趣园内部分建筑形制　王丹丹摄
1. 引镜—悬山卷棚勾连搭建筑（谐趣园）　2. 饮绿—歇山建筑
3. 澹碧—卷棚建筑　4. 兰亭—双檐柱单檐四角攒尖亭　5. 谐趣园宫门
6. 瞩新楼—卷棚歇山建筑

的系统程序中找寻线索作为依据，既然惠山园是以寄畅园为蓝本，有关寄畅园的图文可以作为重要参考，包括秦耀自撰的《寄畅园二十景咏》，王穉登作《寄畅园记》，屠隆作《秦大中丞寄畅园记》，车大任作《寄畅园咏序》，宋懋晋绘《寄畅园五十景图》，这体现了晚明园林记、诗、图三位一体的典型制作模式。其中以图为例，晚明开始出现全景与分景结合的模式，在《寄畅园五十景图》中，全景图重在展示各景的位置，并将它们联系起来；分景图对各景致做了精致的描绘，园主的活动与意境的传达都细致入微，这正是当时画家为了令人信服地呈现园景所做的新尝试（黄晓、刘珊珊，2017）。

（3）创作步骤

创作前首先要充分搜集素材，尽可能多地搜集与此创作相关的一切材料，主要包括图纸、图像、文字和现状考察资料，尤其要对相关学科在该领域研究成果保

图5-14 谐趣园内建筑细部　王丹丹摄
1. 知春亭：四角攒尖亭与廊子接　2. 澹碧：硬山山墙接廊子　宫门北面：歇山建筑　涵远堂至瞩新楼连廊　3. 廊子——歇山建筑　宫门与宫门值房：硬山山墙

持高度关注并进行归纳总结，再与创作场地进行多次现场核实，加强实地感受，对重点区域的景致做重点考察基础上的测绘，进一步确定创作视角，同时结合文献记载查找可供横向参考的同时代的画作或其他艺术创作形式，这些相互借鉴的艺术媒介将为创作的科学性和艺术性奠定坚实基础。将图纸反映的园林基本布局和建筑样式、尺度、山石、地形、水系等要素与现状进行对比。

构思是艺术作品灵魂的起点，是艺术作品具有持久

图5-15 谐趣园现状调研　王丹丹摄
1. 宫门入口处　2. 宫门入口看饮绿洗秋　3. 知鱼桥　4. 透过洗秋看湖石护坡　5. 知春堂　6. 自瞩新楼望向知鱼桥　7. 湖石护坡

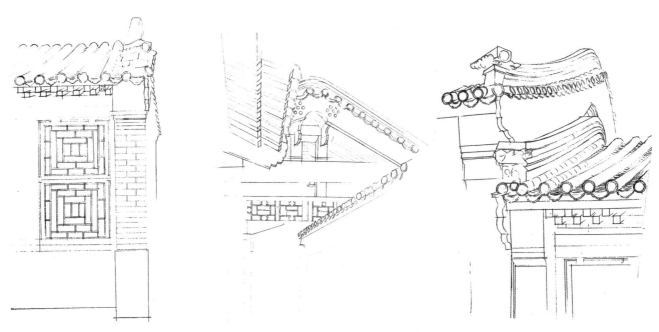

图5-16 建筑屋檐细部　王丹丹绘制

图5-17 谐趣园澹碧写生　王丹丹绘制

图5-18 谐趣园残荷写生　王丹丹绘制

图5-19 谐趣园系列写生 王丹丹绘制

生命力的源头，正如清代石涛的美学观点"搜尽奇峰打草稿"，在构思阶段就为更好的创作埋下了伏笔。"搜尽奇峰"指多从山水自然中收集、体验素材；"打草稿"，指对绘画素材勤于选择、构思和加工，更好地把握画理。构思过程中注重艺术与生活、自然的关系，注意感同身受和提炼构思相结合的美学思想。

参照光绪时期的惠山园平面图（图5-20）和周维权先生在《中国古典园林史》一书中惠山园平面设想图（图5-21），比对明代《寄畅园五十景图》等历史图像资料，将文字结合图像史料，尝试以图景再现的方式进行意象创作，此研究型教学方法将有助于培养学生在重新认识古代造园的同时，增强创新意识，也会在一定程度上推动中国传统园林历史研究的新途径探索。在充分了解如今谐趣园前世今生的历史沿革和造园艺术手法的基础上，初步尝试在写生基础上对清漪园时期的惠山园景致进行意象创作，不失为一种深切体会经典造园的一种新探索。

随后再结合有关惠山园八景御制诗实地反复调研测绘并进行取景构图，推敲立意造园。其中清漪园时期惠山园八景为：载时堂（后改知春堂）、墨妙轩、就云楼（后改瞩新楼）、澹碧斋（后改澄爽斋）、水乐亭（后改饮绿亭）、知鱼桥、寻诗径（在瞩新楼和涵远堂之间）、涵光洞（不存）。根据资料设想并创作一幅惠山园局部鸟瞰图（图5-22）。

5.2.1.2 颐和园——绮望轩（遗址）

在颐和园的后山分布着几处清幽的园中园，其中绮望轩与看云起时是一组立意完整的小园林。分别位于后溪河西峡口的南北两岸。二者隔水相峙，形成后溪河上一处峡口。绮望轩，自成院落，东西宽70m，南北深47m，北面临河为主庭，南面为内院，西面为侧院（夏成钢，2008）。主庭周环以曲折的游廊形成庭院，正厅绮望轩面阔五间，敞厅形式，建制在北临后溪河的高台之上，左右两侧的游廊对称布置。若循水路在峡口登码头登岸，沿4m多高的八字台道拾级而上，来到敞厅绮望轩，由于正门和游廊退到临水的最外沿，使得岸边游人虽逼迫台脚也能仰观建筑全貌，从而更显出其居高临

水之势，成为后溪河最引人入胜的景点。进入轩，就面对主庭中利用地形高耸而堆叠山石形成的3m多高的假山，把主庭再划分两半，也增进了纵向景深。过山石南行穿过方亭进入内院，或西行经过游廊进入侧院。进入内院也可从高台下面的拱门进山洞，循隧道而登临内庭，基于遗址保护和安全考虑现此处已关闭，不便通行。进入侧院顿觉空间幽闭，周围的岗阜、山洞和郁郁的浓荫，吸引着人们继续穿越山洞或园门而步入更富于野趣的后山岗坞区。如果从相反方向，即从山腰的山路，经山洞式园门而入内院，再进至临水的绮望轩，将会体会到另一番从幽邃到开朗、从山到水的景观变化。

与绮望轩隔水相峙的"看云起时"是一组小型园林建筑，互为对景。北岸看云起时的石矶突入水中，石矶后部的看云起时的左右两个配亭伸出于两侧，加强了两岸峡口形成的对峙之势。这一东一西的配亭，既是纵览峡口东西两面河景的观赏点，也是分别从半壁桥泛舟接通峡口或从三孔长桥下西望的景点（汪菊渊，2010）。

（1）遗址调研

绮望轩三面被岗坞环抱，庭院布局随山势分为3个台层，台层间以叠石和爬山廊的设置处理地形，地理位置十分优越，成为后山景区不可多得的清幽之处。从外围进入绮望轩有多条线路，基本可分为陆路和水路，增加了游览的趣味性，景区内地形现状遗址中遗存少量构筑基址和山石，园内建筑、山石相对位置较为明确，目前该区域除"蕴奇积翠"山洞内未开放，其他地表处于开放状态，对于开展实习调研十分便利。遗址考察、实地体验对于把握空间尺度非常重要，尤其对园中不同位置成景效果一目了然，为后续人视点的选择提供必要参考（图5-23）。

（2）创作依据

目前通过样式雷地盘图结合遗址情况基本确定原有建筑的大致布局，还须从大量描写颐和园的相关诗句、楹联、匾额中找寻线索，从中提取物象。颐和园是匾额楹联最为集中的皇家园林，这座在乾隆时代奠定下来的园林布局，寄托着乾隆的造园思想，楹联匾额则是物我交融的平台。在夏成钢先生所著《湖山品题——颐

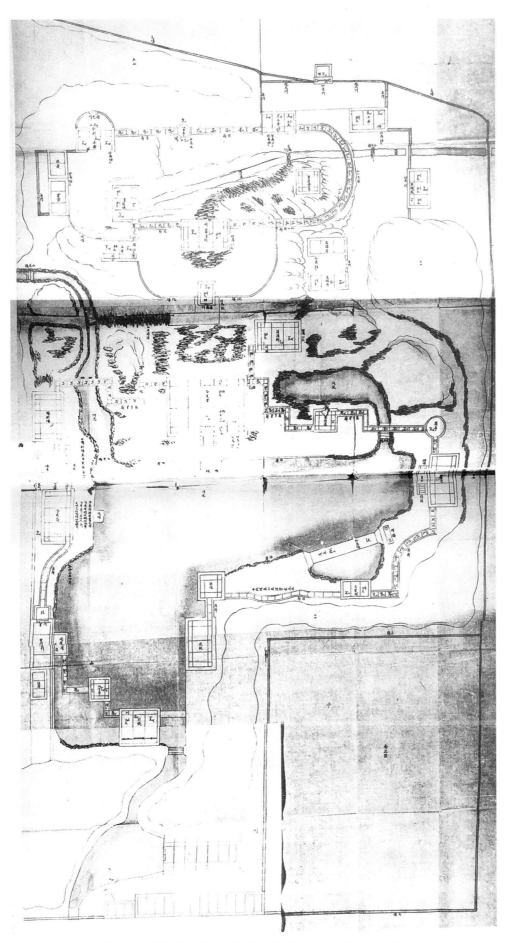

图5-20 谐趣园光绪时期的惠山园平面图（周维权，2000）

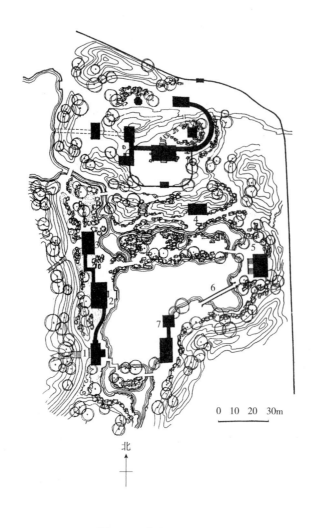

1. 园门
2. 澹碧斋
3. 就云楼
4. 墨妙轩
5. 载时堂
6. 知鱼桥
7. 水乐亭

图5-21 惠山园平面设想图（周维权，2008）

和园楹联匾额解读》一书中，通过详细的文学注释和考证对颐和园的楹联匾额进行解读，视为本研究重要的参考资料（表5-1）。透过文字描绘，体悟园中景物，探寻意境并提取物象，为绘画创作提供素材和依据。园林艺术具有综合性，是时空的艺术，物象、季相、情思的结合，必将呈现别样的联想与想象，由此成就令人期待的画面。一方面参照复原平面图（图5-24）；另一方面，参照颐和园内现存建筑如写秋轩、玉藻轩、画中游、绘芳堂等，进行比较和借鉴，便于对场地布局有较为全面和直观的空间感知。

表5-1 绮望轩看云起时景点的楹联匾额解读及物象提取

	园名、景名、建筑名及楹联、匾额意译	探寻意境、提取物象
绮望轩看云起时	（园名亦主体建筑）绮望轩：绮丽景色在望	层松、列柏、码头、石洞山荫、疏轩、环水
	（题额）蕴奇积翠：山藏奇观、水积翠玉	万寿山、后溪河、碧水
	（楹联）萝径因幽偏得趣、云峰含润独超群 松萝小径因幽致而别有意趣；山峰借云雾滋润而独具风采	松萝、小径、山峰、云雾
	（楼名）寒香阁：（梅花）寒日飘香之阁	梅花、朝岚、夕霭、石磴、嵌崎
	（亭名）澄碧亭：清澈如玉之亭	清澈、碧绿、下洞上亭、山谷、雨时流水
	（景点）看云起时：坐看白云升浮之时	白云、正殿、方亭、游廊、树荫、溪水、云洞、雾林

图5-22　惠山园墨妙轩及假山局部鸟瞰图设想　王丹丹绘制

（3）创作步骤

遵循从写生到创作的原则，在充分调研的基础上，对遗址现状进行写生，如现状西南角一处残垣断壁十分入画（图5-25），一段与园墙相接的东西向墙垣沧桑又细致地勾勒出了这里作为后山园中园的别致和余韵。据记载，寒香阁停霭楼与植梅、赏梅活动有关，此处是早春时节赏梅的佳处，通过写生一方面为创作积累素材；另一方面也可从中体会废墟之美，同时可作为独立的遗址类绘画作品（图5-26~图5-27）。选取沿后溪河的绮望轩磴道台阶及周边山石处绘制鸟瞰效果图，遵循透视原则，先立基础平面透视，再做立体化线稿。此鸟瞰表现手法采用结构素描方式，将园中景物尽可能完整表现（图5-28、图5-29）。

5.2.1.3　颐和园——赅春园（遗址）

赅春园和味闲斋位于颐和园后山西区后御路西段中部，桃花沟上源两侧的山坡上，赅春园居东，味闲斋居西，中间有廊相通，故也可视为一组建筑。这组园林建筑东西总长84m，南北深60m，占地约0.4hm²。前临丘壑，背靠石崖，是一个在群山环抱之中的山地园，在清漪园时期作为乾隆的书屋而存在。

赅春园是一座有着山林野趣的小园林，其景观建筑除中国传统的木构殿宇外，还以天然的岩石因地制宜地构造石屋、石室，叠落山石、踏跺，岩壁镌刻。园中所有的建筑都有其自身的特点，具有代表性的是被乾隆皇

图5-23 绮望轩遗址　王丹丹摄

1. 看云起时山石　2. 沿后溪河的绮望轩磴道台阶及周边山石　3. 俯视绮望轩台基　4. 北侧墙垣处山石洞口
5. 蕴奇积翠洞口　6. 西门残墙绮望轩北侧院落叠石

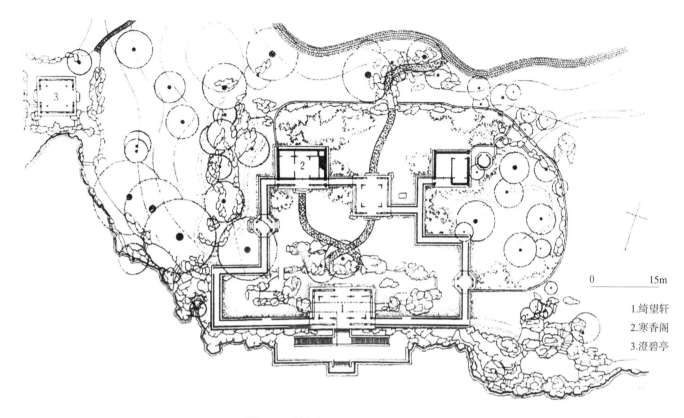

图5-24 绮望轩平面图（夏成钢，2008）

帝称为"山包屋亦包"的岩壁宫殿"清可轩"，仿金陵永济寺修建的悬阁"留云室"，全部用竹子造成的敞厅"竹籞"和天然筑就的岩洞"香岩室"，它们既有皇家园林的富丽堂皇，又有山林间的隐逸野趣，称为清漪园中一处匠心独具的杰作。

清可轩是一座依山修建的华美宫殿，它的前面单檐卷棚，雕梁画栋、斗拱重叠，气势恢宏；后面却以自然岩石为墙，轩顶巨大的后檐梁枋搭嵌在自然的岩石墙壁之中，俨然是一座古朴别致的天然洞府。建筑结构之独特，在清漪园中堪称一绝。轩内墙壁正中，镌刻着乾隆御题的"清可轩"轩额，字迹古朴浑厚、苍劲有力。清可轩是乾隆皇帝的书轩，旧日轩中以天然树根及藤、竹陈设为主，与环境极为协调。

竹籞，原建筑全部用竹制成，是赅春园中一座敞厅。旧日这里地势高敞，视野开阔，陈设高雅。清风拂来，竹韵风涛，使人心宁神爽、心旷神怡，颇得自然之趣，是一出避暑观景的胜地。

留云室，乾隆皇帝"昔游金陵永济寺，爱彼临江之悬阁"，回京后，仿建了这座"留云室"。原建筑一半嵌入岩腹，另一半凌驾悬壁。屋顶一侧为悬山，另一侧为歇山，飞檐凌空，与山峰融为一体。室内壁崖间雕凿着一尊释迦摩尼像，造型生动，是清漪园的石雕珍品，有很高的艺术价值和欣赏价值。

香岩室，是一座天然筑就的岩洞。洞高约2m，上负陡崖，下联飞廊，洞室幽曲，凉气袭人。乾隆手书的"香岩室"额镌刻于洞壁之上。洞内原有石宝座、石观音像及经册等陈设，相传乾隆把这里作为净室，隐匿其中，咏经拜佛。现洞内遗存诗刻，皆乾隆御笔。

岩刻，园内岩壁间还以山林景致题刻着"集翠""诗态""烟霞润色""方外游""苍崖半入云涛堆"等摩崖石刻，画龙点睛地描绘出了这里的自然景色（引自颐和园赅春园景点室内展板）。

（1）遗址调研

漫步在残存的园林遗址间（图5-30），实地品味着描写此处的诗句，眼前浮现出一幕幕美不胜收的画面，这是一种穿越时空的体验，遗址结合想象，再经描绘，

图5-25　颐和园绮望轩西南角遗址　王丹丹绘制

图5-26　颐和园绮望轩之寒香阁停霭楼透视创作步骤图　王丹丹绘制

图5-27 颐和园绮望轩之寒香阁倚霭楼透视创作完成图 王丹丹绘制

绮望轩后寒香阁，(梅花)寒日飘香之阁，为二层阁楼，左为八角亭，右为四角亭，由游廊串接，是一处幽静怡人的清幽之所，选择两点透视半鸟瞰视角将3种建筑形式高低错落的屋顶准确表达，远景植物郁郁葱葱，远景院落内置几处太湖石，突出此处幽静与诗意。

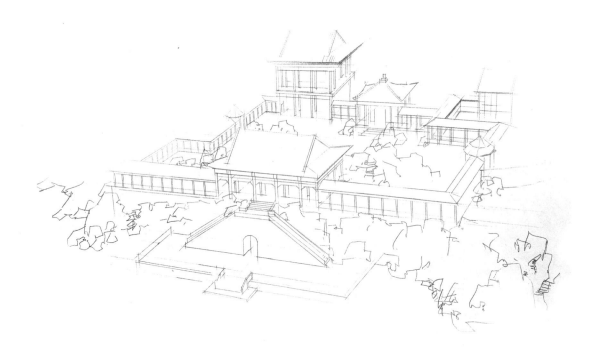

步骤一

步骤二

图5-28 颐和园绮望轩鸟瞰图创作步骤图 王丹丹绘制

第5章 园林素描风景画创作步骤与实例

图5-29 颐和园绮望轩鸟瞰图创作完成图　王丹丹绘制

根据遗址和复原平面创作俯视角度的绮望轩，玄视角有助于表现园内外的园内园中园的清幽特色。院落中心内筑以假山，外围以游廊串联，节点处以亭过渡点缀，北通后溪河，南达万寿山后山，郁郁葱葱的林缘形成天然屏障，自北侧邻水向南逐层抬高，园林建筑随地形抬升，因地制宜，富有节奏感。寒香阁停霭楼结合周围种植的梅花开华了全园景致，畅想寒梅盛开时，由此处远眺后溪河，将别有一番情调。

63

一处处令人激动的场景在头脑中再现。遗址现存建筑台基清晰可见,通往清可轩处的石台阶虽破损,但其陡峭之势显而易见,登至清可轩处,石壁上清晰可见多处石刻,不禁遥想当年乾隆选此处读书,真是清幽至极。

（2）创作依据

赅春园是中国古典园林中山地园的代表,其中爬山

图5-30　赅春园遗址　王丹丹摄

1. 赅春园入口处磴道　2. 通向清可轩爬山廊的廊基和残阶　3. 蕴真赏惬北侧磴道　4. 通向蕴真赏惬廊基
5. 竹簌台基　6. 清可轩石壁　7. 俯视钟亭

廊又是山地园的主要特色之一，爬山廊不仅可以联系各殿宇，便于交通；又能把园林划分为许多既分隔又通透的大小院落空间，以增加层次和景深，植物造景时要注意爬山廊的框景作用。植物的选择与环境的营造与主题呼应，贻春之境突出作为书斋的优雅闲适之意，与后山风格统一。

味闲斋为一相对独立的庭院，东邻桃花沟，林木森森，齐东门有廊与贻春园钟亭相连。对照遗址，参照相关诗句描写，提取物象，为接下来的创作积累素材（表5-2）。遗址中大量的石刻残迹，可睹物思景，启发构思与想象（图5-31）。

味闲斋，闲情逸致之斋。

味闲，意味闲雅、悠闲洒脱的情趣。味，旨趣。

"知稼堂中一味闲，卷帘终日卧看山。"（宋·黄公度诗）

乾隆诗选

《味闲斋》乾隆二十四年

"前临溪水后依山，朗润清华足未闲，每到未能坐逾刻，却因无逸忆其间。"

表5-2 贻春园部分楹联匾额解读及物象提取

	园名、景名、建筑名及楹联、匾额意译	探寻意境、提取物象
贻春园之味闲斋	（庭园）味闲斋：闲情逸致之斋	林木森森、临溪、依山
	（园林）贻春园：万春之园	春色、沟谷、山林、峭壁
	（正殿）蕴真赏惬：蕴藏真意，赏心乐事	清幽、惬意
	（建筑）竹簌：竹饰之室	竹室、桂丛、月色、竹影花台
	（建筑）清可轩：清丽可意之轩	青崖、翠壁、岩壑、曲廊
	（题刻）集翠：山林葱茏	山林、青翠、茂盛、繁密
	（题刻）烟霞润色：烟霞为景物增色	云霞
	（题刻）苍崖半入云涛堆：苍崖耸入翻滚如波涛的云中	苍崖、云涛
	（石刻）香嵒室：修佛石室	岩洞、峭壁、回廊、岩嵒
	（建筑）留云阁：留得云聚	林茂、云气、山岩

（3）创作步骤

根据贻春园、味闲斋平面图（图5-32），为突出其典型台地园林特色，选取自东北角向西南方向，其逐层抬高的地形一目了然，高差较大处以爬山廊连接，全园布局与地形巧妙结合，层次分明，正如《园冶》"因地制宜""精在体宜"。创作前首先将两点透视下的鸟瞰角度确定（图5-33），再将此处地形的陡峭险峻与建筑错落关系交代清楚，按照近实远虚的规律，将科学性和艺术结合，突出此图的说明性价值，鸟瞰图营造是画面整体的环境氛围，刻画不同景物时需变换表现方法，建筑要清晰准确，植物与地形、建筑巧妙呼应、相互衬托，画面中的最上一层台地，即清可轩，此处山石以线描形式适度夸张，表现此处自然山石与书屋的巧妙衔接，远处留云阁是园中最高处，由此透视角度又是最远的一处景致，这是一组由"歇山""卷棚"和爬山廊组成的精巧小筑，依自然山体巨石而建，西侧引山溪潺潺而下，给人以"仁山、智水"的亲切感受（宫晓滨，2010）。可以想象，如遇水雾飘渺，此处将别有一番神秘。

钟亭为东西向连通贻春园和味闲斋的一处跨溪构筑，南北向利用地形地势，引水而北过涵洞缓缓汇入樱桃沟，选取人视点平视钟亭（图5-34），背景处为随地形抬高错落的爬山廊，整幅画面注意光线处理，屋顶处受光面与转折处加强对比，使画面前景、中景、背景层次分明。此景的别致之处在于南靠山，上接"留云"山溪，北望水，下开洞引水，水声与钟声交织在一起，春夏时节鸟语花香，别有意境。又因此处地形保持较好，现状建筑遗址清晰可见，又因该园地处万寿山北坡，故在表现前景时，结合现状近景处几棵柏树，调整树姿，宛若天成，有微风摇曳之感，画面更显生动有趣。

图5-31 赅春园清可轩处遗址岩刻　王丹丹摄

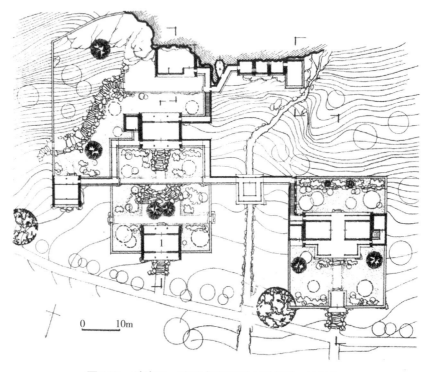

图5-32 赅春园、味闲斋平面图（夏成钢，2008）

图5-33 颐和园后山赅春园遗址区留云景点复原透视创作 风景园林专业2012级 高雨婷绘制

图5-34　颐和园赅春园之钟楼透视图创作步骤图　王丹丹绘制

图5-35　颐和园赅春园之钟楼透视图创作完成图　王丹丹绘制

5.2.2 圆明园遗址复原绘画创作与表达

圆明园属平地山水园，始建于1709年，代表了清代园林艺术和建筑艺术的最高水平。地形、水面、游廊、围墙营造各有主题意趣的若干不同景区，也借鉴了同时期南北方各地的园林佳作。

圆明园的兴建经历了清王朝政治经济最鼎盛时期，是我国古典园林之集大成者，其盛名传至欧洲，被誉为"万园之园"。圆明园造景取材十分广泛，有仿建我国各地尤其是江南的盛景名园，有仿古代诗词绘画建造的人生佳境，有仿造神话传说建造的仙山琼阁。就是这座历经了康熙、雍正、乾隆、嘉庆、道光、咸丰六朝150年营建的华夏园林明珠，随着1860年和1900年西方列强两次毁灭性的摧残，化为一片焦土。结合史料和现场遗迹，圆明园中的多处遗址区是极好的绘画创作题材，圆明园分区景点中几乎涵盖了我国优秀传统园林的全部成就，史籍图画对应现场遗迹，仍备感其壮阔恢弘，激发无限的创作与想象。下面以圆明园为例（图5-36），选取其中长春园景区内两处遗址园林——狮子林和如园遗址区为例进行复原研究和绘画创作。

5.2.2.1 圆明园狮子林（遗址）

乾隆在6次南巡江南期间，曾经5次造访过黄氏涉园（现苏州狮子林）。乾隆正是在第四次南巡之后，以其为蓝本，于乾隆三十六至三十七年（1771—1772）在长春园中仿建了一座狮子林，又于乾隆三十九年（1774年）在避暑山庄再次仿建了一座文园狮子林，两者建成时间相差20多年。目前圆明园狮子林位于长春园景区的东北角，保留着多处遗址，占地面积$1.5×10^4 m^2$，分东、西两部分组成，与西侧原有的丛芳榭东西并列，是一组以苏州涉园狮子林为蓝本的写仿园中园，精巧别致，自成一景。源于倪瓒所作的《狮子林图》，作为"以园仿园""以画仿园"的杰出之作，长春园狮子林具有极大的艺术价值与历史价值。废墟之上，葱郁的草木

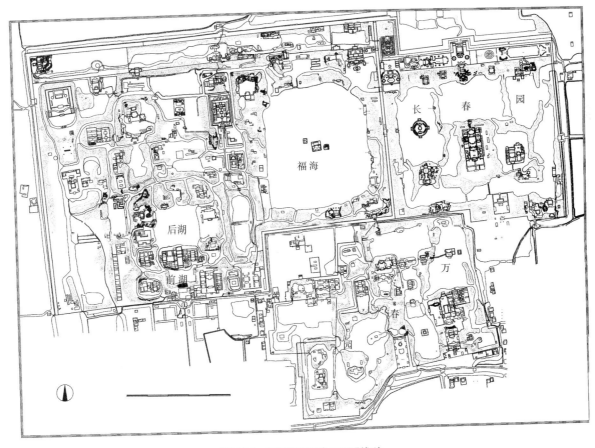

图5-36　圆明园实测平面图线稿
［底图引自民国二十二年（1933年）实测图］

间还残存着当年的假山叠石、建筑地基、部分石匾诗刻与虹桥、水门的遗址，整体景致仍是一片颓败，我们也只能从现存的清代晚期的样式雷平面图上了解到狮子林当年的总体面貌，但借助乾隆题咏的纳景堂、藤架、水门八景、横碧轩、虹桥、占峰亭、清淑斋、延景楼、云林石室、探真书屋等狮子林十六景及御笔亲题的其中13座亭台楼阁的匾额，不难想象这座写仿苏州狮子林小园当年的盛景。研究将进一步结合遗址现状、历史图像和有关狮子林的诗文，以画境和情境进行绘画创作探索，其成果本身是一种风景园林专业特色的绘画作品，基于视觉研究的方法复原绘制盛景图像，也可为遗址区今后的复原工作起到一定程度的情景参考作用。

乾隆亲定十六景之名，分别为狮子林、虹桥、假山、纳景堂、清閟阁、藤架、磴道、占峰亭、清淑斋、小香幢、探真书屋、延景楼、画舫、云林石室、横碧轩、水门。此外，还有缭青亭、凝岚亭、吐秀亭、枕烟亭等次要建筑，多由御笔题写匾额。道光八年（1828年）长春园狮子林曾经作过重修，道光帝重新题写了狮子林十六景，分别为层楼、曲榭、花坞、竹亭、萝洞、水门、苔阶、莎径、崖磴、溪桥、云窦、烟岚、叠石、流泉、长松、古柳。除水门外，均与乾隆帝所题不同，但实际上对乾隆时期的景致并无大的改动，依旧维持旧貌。从清代晚期的样式雷地盘图上可以了解长春园狮子林的基本格局，另外，参考清华大学贾珺教授根据样式雷图复原并绘制出的清代后期长春园狮子林平面图，开展绘画创作。

（1）遗址调研

调研时在综合前期参考文献的基础上，结合图纸资料，按图索骥并勾勒想象，对应遗址与复原平面，以现存的水门、虹桥等遗址构建做定位参考，横碧轩、清閟阁、清淑斋的建筑遗址均较为清晰，结合现状调研（图5-37），鼓励学生一边拍照，一边通过速写的形式记录，通过捕捉素材，为后期创作铺垫。狮子林遗址区域保存较好的物件有水门、虹桥等，其他建筑基址如清淑斋可通过虹桥及周边山石水系关系推断出边界。另外，清閟阁临水一侧台基明显，与其后的探真书屋关系明确，因此以清淑斋为核心的中部景区较为清晰地呈现出园林的布局结构，而东部景区是围绕湖石假山展开的全园最为精彩的区域，虽现状遗址湖石坍塌，但在早春时节这里仍旧焕发出勃勃生机（图5-38~图5-40）。

（2）创作依据

解读一座园林犹如在读一个时代的历史，首先要将其还原到历史情境中去，方知其中乐趣。作为创作依据要从形与意两方面探求，形来自于图和景，而意来自于相关的文字记载等。苏州狮子林是江南现存唯一始建于元代寺园合一的园林。元末明初，狮子林为苏州著名景点，诸多文人游赏雅集，赋诗作记，且有绘图。明洪武六年（1373年），大画家倪瓒绘《狮子林图》；洪武七年（1374），画家徐贲又绘《狮子林图》12幅，乾隆六下江南，6次驾幸狮子林，题匾3次，留诗10首，摹倪图3幅，在画境和意境的模仿基础上，在北京圆明园、承德避暑山庄先后仿建狮子林两处，题诗近百首之多，可见其爱深切（顾凯，2013）。

题名艺术在中国造园中耐人寻味，往往融入园主、造园者和园林本身的审美旨趣和品味。苏州狮子林园得名原因，其一是园中奇石状如狮子；二是天如禅师得法于天目山狮子岩。圆明园狮子林虽与苏州狮子林的园林景致差异很大，前者园林西部以建筑为主体，东部以叠石为主体。早期的苏州狮子林以竹林、湖石为主，少量构筑形成简朴景致，维则好聚奇石，如韩晖、吐月、立玉、昂霄诸峰，正如维则所云："人道我居城市里，我疑身在万山中"。假山作为全园精华所在，对后来的圆明园狮子林营造提供参考现实参考。从绘画的艺术角度看，关于倪瓒《狮子林图》是否出自倪瓒本人之手（图5-41），在学术界仍有很大争议，从笔法上提出如与倪瓒本人诸多画作的不吻合之处（赵琰哲，2017），但本教材探讨的不是此画的真伪问题，而关注此画被乾隆看中并收入清宫后收藏以及一系列的临仿造园活动，包括对苏州狮子林的寻访考证、修缮以及京师狮子林的仿建，通过图景对照及互动，了解乾隆帝仿古的观念与意图，从《狮子林图》被保存代代相传，足见绘画的力量和魅力。参照倪瓒《狮子林图》对苏州狮子林故

图5-37 圆明园长春园狮子林遗址　王丹丹摄
1.虹桥遗址　2.自探真书屋望清淑斋　3、4.东区假山遗址　5.自横碧轩望占峰亭　6.自清阁阁隔水望清淑斋

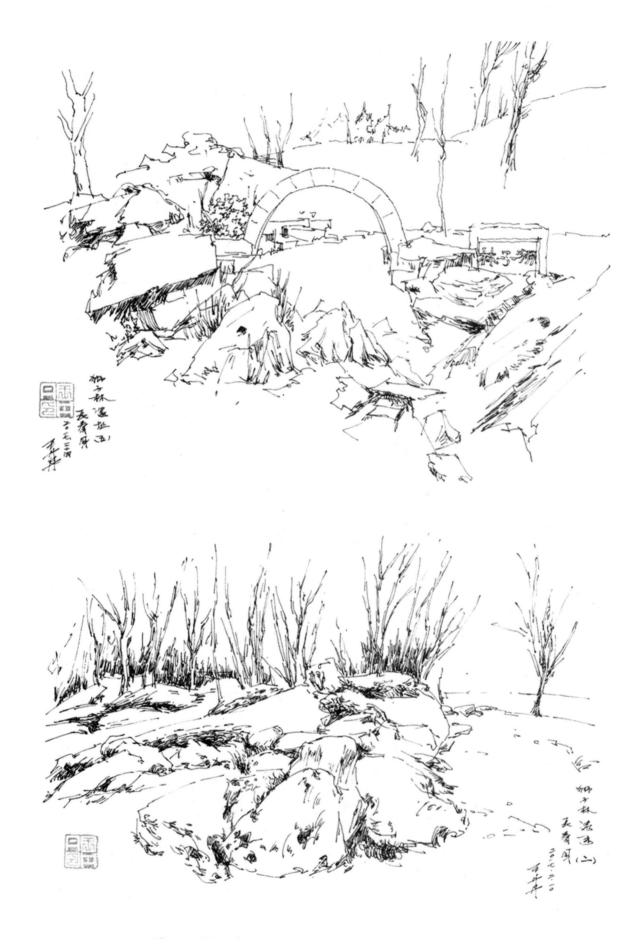

图5-38 圆明园长春园狮子林遗址系列速写（一） 王丹丹绘制

第 5 章 园林素描风景画创作步骤与实例

图5-39 圆明园长春园狮子林遗址系列速写（二） 王丹丹绘制

图5-40　圆明园长春园狮子林遗址系列速写（三）　王丹丹绘制

址修缮后，由清代钱维城绘《狮子林图全景图》存档（图5-42），随后乾隆帝再此南巡时感叹到："有图无景是憾事，有景无图亦是憾事。图与景两相结合才是两全"，故将亲自临摹倪瓒的《狮子林图》留在吴中。此外，在《乾隆帝雪景行乐图》一图中，写实性描述了狮子林中清淑斋和清閟阁一带景致，为我们的创作提供参考，还有占峰亭一景就是对倪瓒的诸多画作中常有一亭的模仿，"占峰"一词修饰出了此亭与周围地形地势的关系营造，小香幢是一层小楼，内有佛龛，是在延续着狮子林曾经是佛寺园林，更加融入了联想和想象。清代鼎盛期园林代表作《圆明园四十景图》以写实的手法勾勒了诸多园林的外貌，可作为横向参考。当代的一些老前辈艺术家画家也探索性地创作了多幅艺术类绘画作品，描述着画家眼中的园林景象，其中华宜玉先生绘制的《长春园狮子林复原图》，作为艺术创作或教学实践，与"园林素描风景画"课程的教学目的相符，有助于提升学生的艺术视野和创作表现能力。

建筑形制方面，在遗址调研前期，识图并查找与之相关的图纸资料、文献资料，并对复原场地的图纸资料进行分析，根据清代后期长春园狮子林平面图（图5-43）。从平面图的对比中不难发现，长春园狮子林和文园狮子林对苏州狮子林在整体布局、山水结构等方面都进行了摹仿，即同为自然山水空间与院落建筑空间的叠加，3座狮子林建筑形制有所不同的主要影响因素是南北方地理条件差异。南方气候湿润，建筑注重通风防潮，建筑体量轻巧通透。北方气候干旱，冬季寒冷，注重抗寒抗风，建筑体量敦实。苏州狮子林建筑屋顶一般为悬山，防雨抗潮；文园狮子林屋顶为硬山，防

图5-41　狮子林图（元）倪瓒（款）纸本水墨 28.5cm×392.8cm（北京故宫博物院藏）

图5-42　《苏州狮子林图》局部　（清）钱维城绘（美）高居翰先生提供（加拿大阿尔伯特博物馆藏）

风抗寒。归纳总结其中的建筑类型（图5-44），辅助模型推敲（图5-45）。圆明园狮子林景区的建筑形式比较丰富，如斋、堂、轩、楼、阁、亭等，其中就包括长方亭、圆亭、五柱亭、六角亭。例如占峰亭，点名了其亭与周边地形环境的关系，其得景范围内地势较高，也对欣赏占峰亭的最佳观赏点给予足够的提示，这也是我们在选择刻画景物时视角选择的要领，有时为了渲染主题，从艺术创作的角度而言，允许适当夸张。横碧轩为五间前出廊硬山，清閟阁是前后廊硬山，清淑斋是周围廊歇山顶，纳景堂是三间前出廊硬山，延景楼是三间二层小楼，"湖石丛中筑精室"的云林石室是三间硬山，小香幢是一层小楼，探真书屋则是参照圆明园秀清村时赏斋而建。在基本认清了其中的建筑形制后，通过查阅中国古建筑木作营造技术类书籍，了解不同建筑类型的具体结构，以此为参考，再结合透视，园林在后期的创作表现中才能科学地将其表现出来。

（3）创作过程

为了更好地突出本课程绘画创作的科学性和艺术性价值，在开始创作前首先分别将狮子林景区中涉及的建筑形制与相似建筑进行横向比较，在充分论证和考证的基础上，以研究为基础，分别描绘出各个景点的效果图，再进行透视鸟瞰图的全景创作。下面以清淑斋、虹桥、探真书屋进行举例说明。

① 清淑斋　是一座卷棚歇山顶，敞厅三间、四周有廊的单层建筑，面水背山。与此建筑相似可用作参考的有如下几处。

长春园映清斋：位于玉玲珑馆南面，占地面积5000m²。两层五开间，两侧靠回廊与其余建筑连接，北侧山石堆叠，绿树掩映。

长春园思永斋：位于圆明园含经堂西面的小岛上，建筑面积$1.5\times10^4 m^2$。前临宽阔湖面，视野开阔、景致优美。单层七开间建筑。

长春园蕴真斋：位于中心岛上最北面。两层五开间，两侧靠回廊与其余建筑连接，北侧山石堆叠，绿树掩映。

见心斋：位于香山，建于明嘉靖年间（1522—1566），曾几经修葺，是座颇具江南风情的庭院。见心斋是一座环形庭院式建筑，造型别致、环境清静，具有江南园林特色，为香山著名的园中之园。院内有半圆形水池，池水清澈，游鱼可数。沿水池东、南、北三面建有半圆形回廊，连接着正面三间水榭。见心斋坐西朝东，面阔三间，带周围廊。

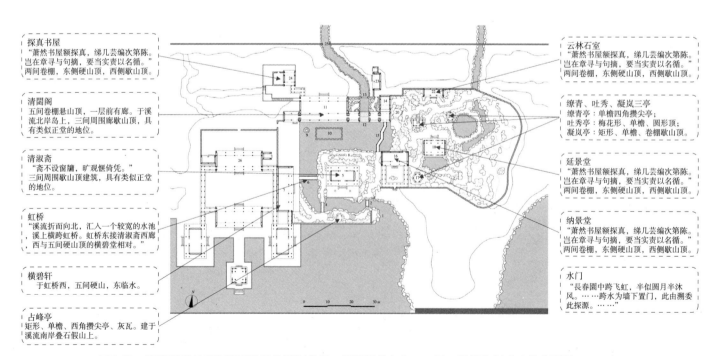

图5-43　清代后期长春园狮子林建筑形制分析　风景园林专业2016级　雷蒙绘制（改绘自贾珺，2013）

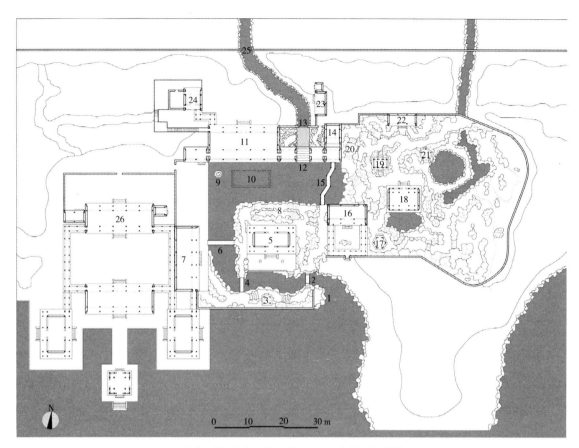

图5-44 清代后期长春园狮子林平面图（改绘自贾珺，2013）

1. 狮子林石匾 2. 入口水关 3. 占峰亭 4. 红栏平桥 5. 清淑斋 6. 虹桥 7. 横碧轩 8. 磴道 9. 湖石 10. 鱼箱
11. 清閟阁 12. 过河厅 13. 水门 14. 小香幢 15. 藤架 16. 纳景堂 17. 缭青亭 18. 延景楼 19. 凝岚亭 20. 假山
21. 吐秀亭 22. 云林石室 23. 值房 24. 探真书屋 25. 水关 26. 丛芳榭

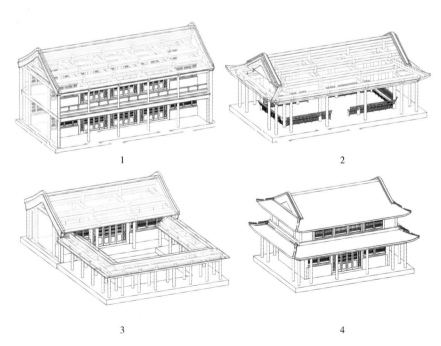

图5-45 狮子林内建筑形制模型示意图 杨玥炜、刘亚男绘制

1. 清閟阁 2. 清淑斋 3. 纳景堂 4. 延景楼

静心斋：静心斋原名镜清斋。在北海北岸，清乾隆二十二年（1757年）建，是皇太子的书斋，它以叠石为主景，周围配以各种建筑，亭榭楼阁，小桥流水，叠石岩洞，幽雅宁静，布局巧妙，体现了我国北方庭院园林艺术的精华，是一座建筑别致、风格独特的"园中之园"。

② 虹桥　"一再仿涉园，红桥驾波起。若论式夷曲，在此不在彼。"乾隆的这首五言绝句赞颂了驾波虹桥之美。虹桥桥身两侧刻有"虹桥"匾额和御制诗，四角设龙头吐水，斜望柱的柱头雕刻的是简练朴素的方莲花；东接清淑斋西廊，西与五间硬山顶的横碧堂相对（贾珺，2013）。此外，虹桥石拱上还刻有乾隆御笔题写的一首诗：驾溪宛若虹，其下可舟通。设使幔亭张，吾当问顺风。

综合上述文献、遗址等参照资料，在对景写生的基础上进行局部复原创作（图5-46），将物象与诗情画意结合，以白描形式勾勒成图，这样的图画既有研究的科学性又具有艺术的创作性。

③ 探真书屋　为两间卷棚顶，东侧硬山顶，西侧歇山顶。屋有后院，两间建筑形式独特。"书屋据横岭，迥然清绝尘。倪子既非主，黄氏原为宾。借问研精者，谁诚得其真。"书屋坐落于横亘的山岭上，环境"清绝尘"，与别处迥然不同。既然倪瓒、黄公望二位著名画师均非书屋的主人，乾隆在赞美探真书屋的优雅环境同时，更加探寻的是书屋的主人及其所探之"真"的内涵是什么（别延峰，1993）。因探真书屋所在位置地形较高，创作取横碧轩向北半仰视构图（图5-47）。全园透视鸟瞰图能够更全面地反映园林的总体布局结构，也是较有气势的园林绘画创作形式，根据取景角度不同，可以有多种鸟瞰图（图5-48~图5-51）的表现方法。

5.2.2.2　圆明园如园（遗址）

圆明园长春园中的如园是清代皇家园林写仿江南

图5-46　狮子林清淑斋、虹桥复原效果图　风景园林专业2016级　诸葛依然绘制

的重要实例（图5-52），于乾隆三十二年（1767年）基本建成，是乾隆第四次南巡之后的仿建之作，是长春园内五园中最大的园中园，位于东南隅，占地$1.9×10^4 m^2$，建筑面积$2800m^2$。这座以江宁瞻园为蓝本的创作，面积比瞻园大一倍之多，属扩展性的园林，在"仿"的基础上，更加重视"创"。乾隆时期的如园颇具江南神韵，凸显其清幽、淳朴、含蓄之风，乾隆在《寄题瞻园》中说："御园亦曾肖此为如园，而景趣较胜于此。"可见，乾隆帝十分得意自己的仿创之作。不同于瞻园之南北向布局，如园则根据场地情况借山水之势采用"坐东朝

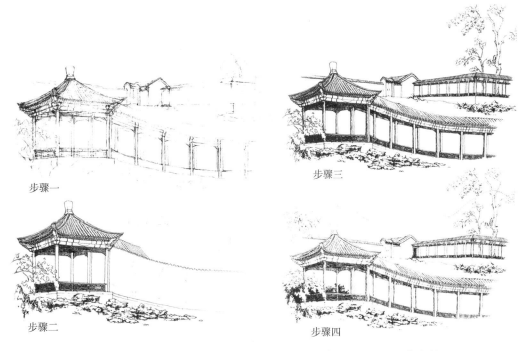

步骤一　　步骤三
步骤二　　步骤四

图5-47　探真书屋复原创作步骤图　风景园林专业2016级　雷蒙绘制

图5-48　探真书屋复原创作透视图　风景园林专业2016级　雷蒙绘制

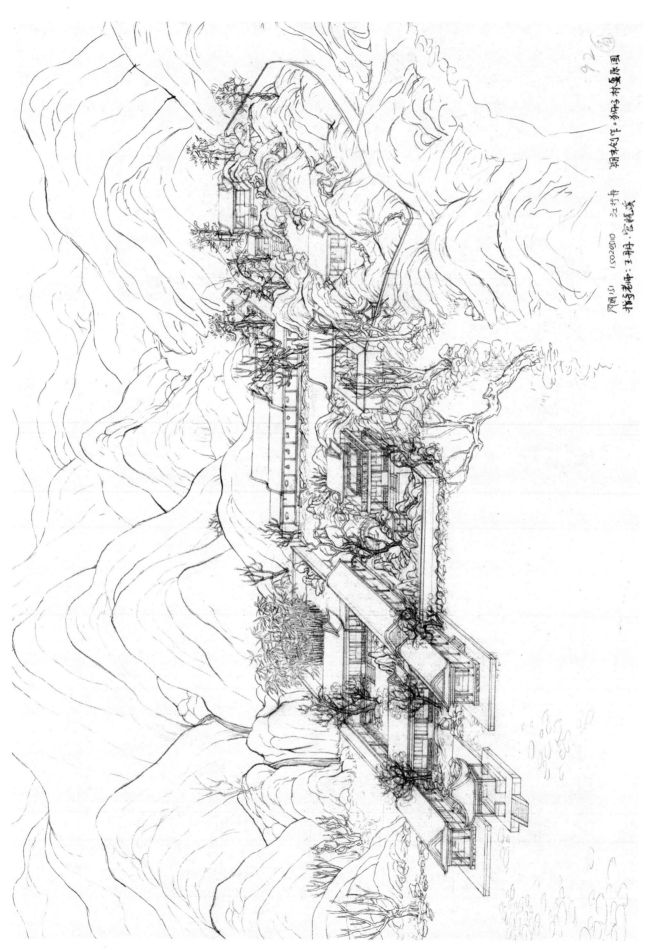

图5-49 圆明园狮子林鸟瞰图创作 风景园林专业2015级 江行舟绘制

图5-50 圆明园狮子林遗址区复原鸟瞰创作 风景园林专业2015级 段雨汐绘制

图5-51 圆明园狮子林遗址区复原鸟瞰创作 风景园林专业2015级 冯一帆绘制

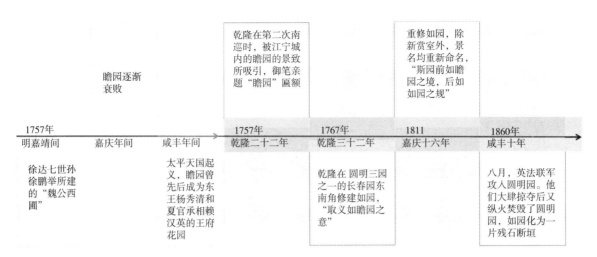

图5-52 圆明园长春园如园历史沿革　风景园林专业2016级　雷蒙整理

西"布局，园中建筑景致层次的增设均考虑到作为园中园景致的个体与整体的关系，尤其在如园与外环境的处理上，水的来去处理与景色结合得恰到好处，如园水池东、南、北三边均绕以假山，从对假山描绘的诗句中，提取物象意象信息，为创作提供素材。

在建筑形制方面，1811年重修如园，嘉庆强调说"如园诸胜一切如旧，非别有创造，大兴工作也。斯园前知暗园之境，后如如园之规"。在此基础上，嘉庆时期的如园（图5-53）也增加了一些亭榭和景点，建筑也比乾隆时期更密集一些。另据考古专家介绍，如园是近几年考古发掘中保存最好的遗址，也是近几年发掘的首座仿江南园林遗址。本次考古发掘基本明确了如园遗址的整体布局、保存状况、建造次序，对其研究、保护、展示和利用具有重要意义。

（1）遗址调研

长春园如园四面被高地围合，形成相对独立的空间，内部可分为3个部分，东侧有较大水池，池北有以假山石为背景的主体建筑延清堂，岸南同样为临水平台建筑含碧楼，中部区域处于假山石环抱之中，主建筑芝兰室，其北部和东部山石上分别建有静怡斋和清瑶榭。如园西侧为新赏室院落和一处跌水景观。瞻园和如园均是以山石为基本骨架，水池环绕其间的基本格局，平面上建筑隔水相望，立面上利用山地丰富空间层次，都是二者通用的手法。

从现状遗址中看，建筑基址清晰且保存较好（图5-54），尤其建筑基础中的大块石料在众多考古遗址中较为少见，甚至有些屋内的地砖清晰可见，十分震撼。以考古研究成果作为参考，尝试以绘画艺术方式进行再创作，是遵循一定科学性基础上的艺术创作，将考古学与图像学以及风景园林学绘画创作结合是展示遗址型园林景象的一种风景图式语言。

（2）创作依据

①园诗和园图　乾隆对于小的景致用心营造，比如园西北角的水源，引自北面长春园湖，与园内外高差结合，形成声色兼具的跌水景观，在这里乾隆作诗曰"墙外平湖铺若镜，引流曲折到阶前""本是平流墙外湖，一分高下势全殊""活泉阶下似流云，而更声饶琴瑟闻"，在敦素堂南部的水面与写镜亭处，"一亭如虚舟，澄波映其下"。此处彰显亭之小巧轻盈。在描写建筑与山石时，"石移西岭近云根""步处假山是展画"等体现出山石与建筑联系之紧密，虽由人作，宛自天开，通过堆叠山石达到近云的境界，这与皇家园林所追求的神仙思想吻合。

在（清）弘历《高宗御制诗集》中记载有诸多描绘如园景致的诗句，园门之东有挹泉榭，西临曲池，这处景色充分利用园北墙外的湖面与内部池水的高差，形成拥有活水水源的流瀑清泉，从《高宗御制诗集》中可见对挹泉榭景致的描绘。观遗址寻诗境，此景很入画，可进行绘画创作。

另从弘历、颙琰、旻宁等皇帝的诗文中了解到如

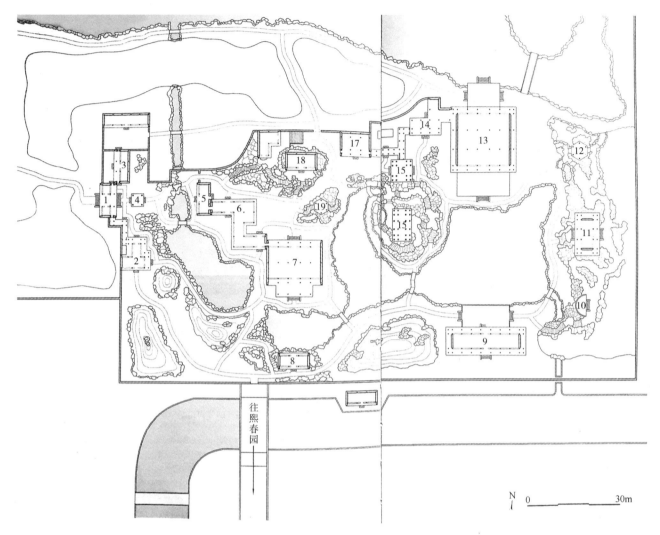

图5-53 嘉庆时期长春园如园平面图（贾珺，2013）
1.如园园门 2.搴芳书屋 3.新赏室 4.翠微亭 5.听泉榭 6.云萝山馆 7.芝兰室 8.锦縠洲 9.含碧楼 10.待月台
11.观丰榭 12.挹霞亭 13.延清堂 14.引胜斋 15.撷秀亭 16.清瑶榭 17.香林精舍 18.静怡斋 19.可月亭

园中有苍松、翠竹、古梅、幽兰、碧莲、碧萝、绿柳、红桃、菊花、牡丹、芍药等传统园林植物（张卓燕，2013）。另据2017年7月北京市文物局关于圆明园如园遗址二期考古资料显示，一些断壁上出现"朱华翠盖"等字样，在湖底开了一条解剖沟，发现了大量莲子，推测湖中种着荷花，目前已基本判定的是园内有三片竹林。对于上述园诗的分析解读和物象提取，对于营造画境文心的园林艺术有着重要的启发。

作为参照对象的园图。包括与瞻园和如园有关的图画，据推测，清初名画家王翚所绘《瞻园旧雨图》为康熙间的景象。此外，清代袁江《瞻园图》以界画形式精致地描绘了园中景致，细微处楹联题额清晰可辨，此类绘画创作虽不符合严谨意义的科学性写实画，但与文人写意画比起来，较为写实，具有一定史料价值，重点体现在建筑形制和环境要素的相对位置，为园林认知提供重要参照，其他要素如山石和远景物更具画意，有助于园林情境渲染。从时间节点来看，乾隆所见的瞻园应基本为《瞻园图》所呈现的面貌，是一座格局典雅，山池精丽的园林，犹带明朝遗风，由此成为御园的写仿范本（贾珺，2013）。

结合民国时期瞻园平面图（图5-55）进行比较研究，为接下来的遗址型园林绘画创作提供更多有价值的参考。

②园记和考古资料 清代保留下来的样式雷地盘图无疑是当前印证园林布局一手资料，如园在建成后的40年即嘉庆十六年（1811年）经历了大规模重修和改建。在乾隆时期的如园意境和格局的基础上，嘉庆强调

图5-54 如园遗址 王丹丹摄
1. 如园园门西入口及翠微亭台基 2. 寨芳书屋 3. 可月亭地形 4. 清瑶榭假山遗址 5. 自芝兰室西望
6. 芝兰室入口台阶 7. 自静怡斋俯视听泉榭、云萝山馆、芝兰室一带

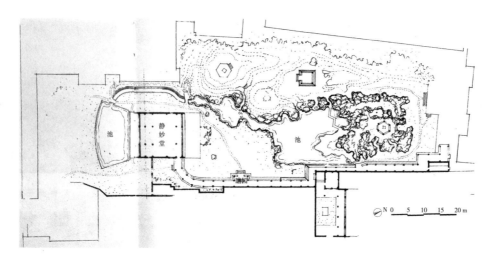

图5-55　民国时期瞻园平面图（董寯，2014）

"斯园前如瞻园之境，后如如园之规"，该时期增加了诸多建筑亭榭等景点。另据《重修如园记》记载，可串联起从西向入园沿途所见景致，这样翔实的记载对复原创作十分有益。据此，结合遗址，再根据样式雷，推测出嘉庆时期的如园平面图，这些推导成果为更好的科学和艺术绘画再现园林情景提供重要依据和参考。

自2016年10月开始，相关部门通过对如园遗址两次的考古发掘，已经基本摸清了如园遗址嘉庆时期的布局、形制和工程做法，发掘并整理出如园内清晰的路网系统，连通各个宫殿、亭榭及假山等，根据路网线索有助于进一步推测出园内各景点之间的承接关系。另从现场发掘出的御笔刻石及题文可推导出部分园中景致，如"朱华翠""盖满池"，推断应是一首题咏荷花的诗文。

③建筑形制　在建筑形制方面，如园内体量最大的3个建筑分别是延清堂、芝兰室和含碧楼，同时也是对整个如园景观营造上控制力最强的3个建筑。延清堂和芝兰室均为勾连搭顶，即两个或两个以上屋顶相连成为一个屋顶，每个屋顶之间是连在一起的。这样的屋顶形式，可以在建筑下部形象不变的情况下，上部屋顶更富有变化，更为生动多姿。另外，也在不提高屋面整体高度的情况下，扩大室内空间。其中延清堂为五间三卷勾连搭歇山顶（前后有月台）。芝兰室为五间两卷勾连搭歇顶殿前接抱厦。含碧楼为七间两层歇山顶，南依长春园南大墙，北隔湖与延清堂对望，坐南朝北，前有月台。据史料记载，含碧楼上下两层，面阔七间，四周有廊。含碧楼遗址现被公园大墙占压，无法全部显露，只清理出月台和部分台基。

园中带"榭"的建筑有3处，分别是观丰榭、清瑶榭、听泉榭，据《园冶》记载："榭者，藉也。藉景而成者也，或水边，或花畔，制亦随态。"这一段话说明了榭是一种借助于周围景色而见长的园林游憩建筑。古代建筑中，高台上的木结构建筑称榭，其特点是只有楹柱和花窗，没有四周的墙壁（但是有些有漏窗粉墙分隔内部空间）。

园中亭子形式有可月亭——六角攒尖亭，翠微亭——四角攒尖亭，挹霞亭——六角攒尖亭。挹霞亭遗址位于如园东侧山体的半山腰，呈六边形，基础保存较好，由于砖石被毁坏，仅剩下三合土夯土芯和磉磴坑。撷秀亭——重檐四角攒尖亭，遗址位于延清堂西南，南倚假山，北有廊与引胜轩相连。

④环境要素

瞻园："西圃'枕水西南二方，皆有峰恋百叠''叠石为山，高可以俯群岭'。在袁江《瞻园图》中，园中部、北部和西北部山恋起伏，构成园林主景。瞻园水体以聚为主，再辅以分。在《瞻园图》中，瞻园西景区以籁爽风清堂为中心，堂北碧波荡漾；东景区又被大片水面分隔成南北两个景区，深邃藏幽之感顿生。其中植物以松梅见长。

如园："以叠山为主，山中含景，游览时如置身于山谷之中。它以叠山来分隔景区，景物相互因借，参差均匀，聚中有散，散中有聚"。山体连绵起伏，峰回路转，形成了丰富的空间层次。水系自长春园湖引入，与地形结合形成跌水景观，园内水面开合结合。

通过瞻园、如园两园环境对比，相互启发，再结合诗文中提及的传统园林植物有助于勾勒如园中景致的画面。

⑤楹联匾额　乾隆时期的含芳书屋、挹泉榭、观云榭、静虚斋分别改为寨芳书屋、听泉曲室、观丰榭、静怡斋，正堂敦素堂改为芝兰室，明漪楼改含碧楼，深宁堂改延清堂，合翠轩改香林精舍，名称虽有变，但其景致含义未变。其中延清堂位于如园的东北角，此堂体量较大，与涵碧楼隔水相望，位置幽偏（贾珺，2013）。三卷殿，5开间，其内匾额有"境拟仙壶"，此处正是传说中仙境的模拟写照，在中国古代绘画中，尤其是清代的界画中就有诸多描写仙境题材的画作，延清堂面临水池而背倚假山，故乾隆帝曾在《深宁堂》诗曰："径曲兴非浅，堂安居得宜""开镜俯流水，展屏背假山""廊转虚堂接，既深斯得宁"。另在延清堂的东侧山上有六方亭，名曰挹霞亭，汲取云霞之意，《御制诗三集》卷二嘉庆十七年（1812）御制《挹霞亭》："东峤之巅结小亭，凭虚一览远皋青。赤霞天半如堪挹，烂漫随风入杳冥"，此处设亭借景云霞，堪称巧于因借的佳例。

翠微亭在如园园门内，是四方形形重檐亭。亭南有寨芳书屋，亭北为新赏室，由翠微之意青翠掩映，此亭为联通入口与内部空间的过度节点，可构想此亭周边环境郁郁葱葱。

寨芳书屋位于园西紧邻如园园门，在乾隆时名为含芳书屋，门斗额"华濑凝香，芝岩分朵"其中濑指从沙石上流过的急水，芝岩指灵芝状的岩石，由此，在书屋外的假山石可借鉴此物象进一步展开创作。

新赏室位于如园西门入口处北侧，与外侧水面一墙之隔，关于此处的景致，在《御制诗五集》卷二十八乾隆五十三年（1787）御制《新赏室》诗："室名新赏由来久，每值孟韶辄赏新""花红何处去，树绿满庭匀"诗句中突出该庭园内的植物色彩景象。

静虚斋位于水池北岸假山上，描写此处景致的诗句如"精舍假山上，悠然静且能""虚室峭茜间，既深斯致静"，突出此处幽静的特色。另外，从"重楼俯琳沼，石基近水裔""楼临池水漾明漪""溪楼宜构水晶官，骋望凭栏上下空""飞阁临无地，方塘印有天"诗句中可体会到此处空间十分开阔。

在东南角的待月台是一座半圆形平面的石台，这里是如园内最高的一处观赏点，正如诗中所述"山接东垣筑小台，息襟坐待暮烟开"，这里是望月的佳处。另外紧邻待月台的观丰榭高居园东端假山石峰上，此处是登高远眺的好地方，正如"林叶拟绿云，疏轩构于是""出岫者无心，观峰者有意"，登临此处既可俯瞰园内也可俯瞰园外景致，其借景效果显著。

此外，如园内的叠石假山主要集中在池的东、南、北侧，如"石移西岭近云根""步处假山势展画"，还有描写园中建筑与山石相结合的诗句，如在新赏室一带"书室假山峭茜间"，挹泉榭一侧"叠石因成瀑"，静虚斋旁的"怪石罗曲径"，深宁堂前"有石迎门峻"等（贾珺，2013），园林构筑与叠石和理水巧妙结合，形成高低错落，虚实相间的布局，从诗中体会其意境提取物象更是十分入画。

（3）创作步骤

通过参考相关文献和图像资料，并将其与现存的可供参照的建筑作比照，通过详细的分析整理，尝试对如园进行鸟瞰图创作演示（图5-56、图5-57）。其中透视图依据现状遗址假山，即清瑶榭假山遗址周边一带进行透视创作（图5-58、图5-59）。

5.2.3　承德避暑山庄遗址复原绘画创作与表达

承德避暑山庄是中国园林史上的一个辉煌的里程碑，是中国古典园林艺术之最高范例（图5-61、图5-62）。作为现存的帝王宫苑，不仅规模最大，且独具一格，其林泉野致更是令人流连忘返、回味无穷。山庄风景之特色更体现在那些依山傍水的山居建筑的处理方面。南朝宋谢灵运《山居赋》说："古巢居穴处曰岩栖。栋宇居山曰山居，在林野约丘园，在郊郭约城傍。四者不同，可以理推言心也。"山庄取山居实为上

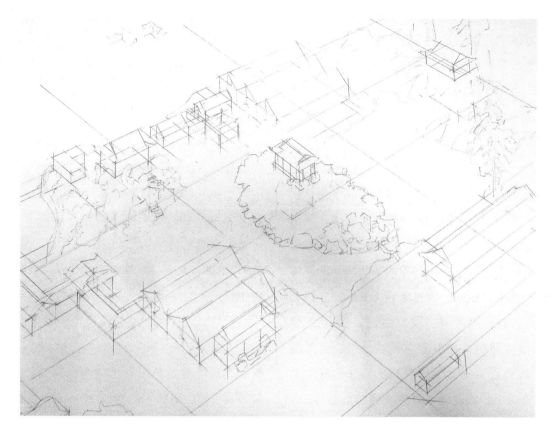

步骤一

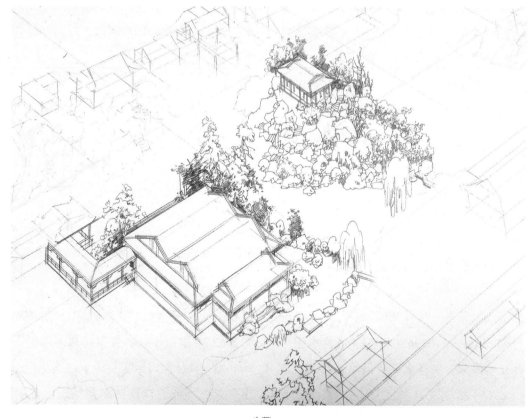

步骤二

图5-56 如园鸟瞰图局部创作步骤图 宫晓滨绘制

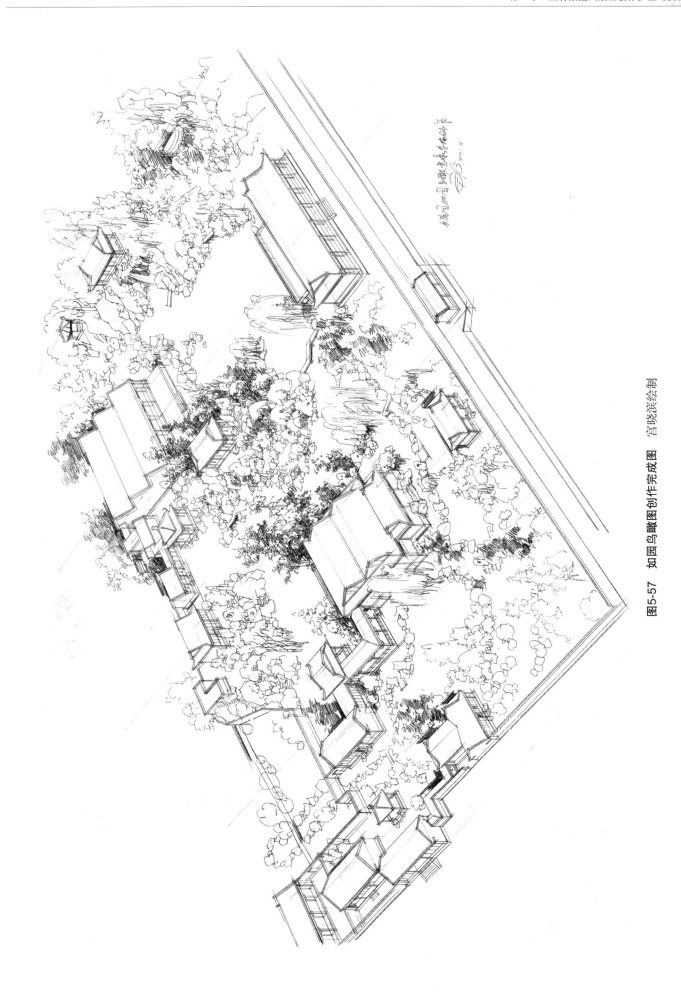

图5-57　如园鸟瞰图创作完成图　宫晓滨绘制

构图小稿

步骤图

图5-58 如园静怡斋透视创作构图及步骤图　王丹丹绘制

图5-59 如园静怡斋透视创作完成图 王丹丹绘制

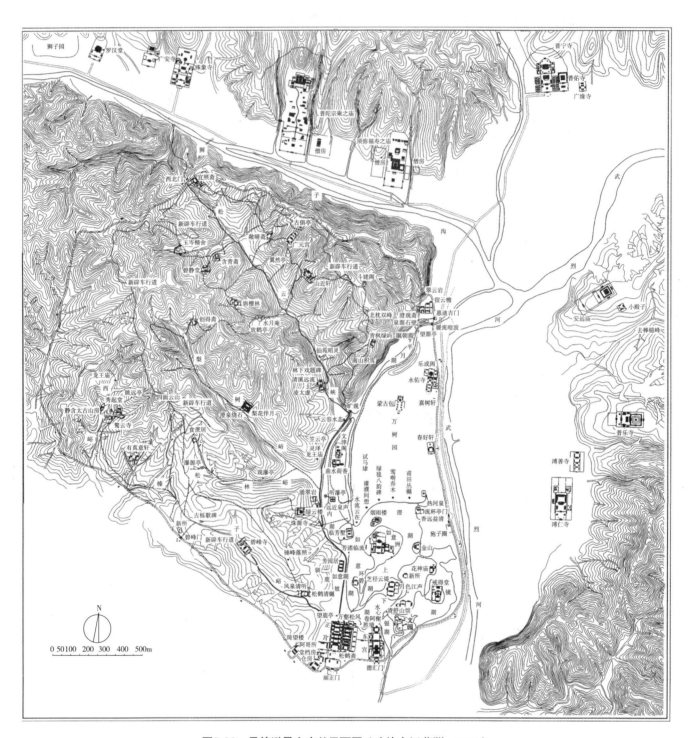

图5-60 承德避暑山庄总平面图（改绘自汪菊渊，2010）

第 5 章 园林素描风景画创作步骤与实例

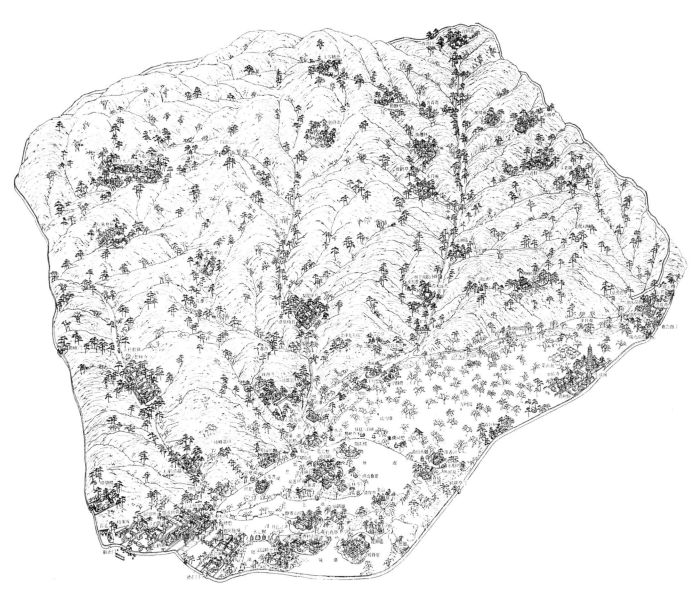

图5-61 乾隆时期避暑山庄复原全景图（汪菊渊，2010）

乘。这是"以人为之美入天然"的中国传统山水园最宜发挥的地方。其中山峦区占山庄总面积的4/5，面积422hm^2，因山构室，在山岳区分布着多处精致的园林，虽为遗址遗迹，却是展开绘画创作的绝好素材。避暑山庄有理可据、有法可循、有式可参，其中山岳区被毁的景点中包括山近轩（遗址）、碧静堂（遗址）、青枫绿屿（复原）、玉岑精舍（遗址）、秀起堂（遗址）等多处园中园经典案例，下文将重点参考和引用汪菊渊先生著的《中国古代园林史》及孟兆祯先生著的《园衍》中的图文资料，同时结合其他文献史料、楹联诗画及相关科研成果，进行从诗画到实景，以实景觅画境、意境和情境，以贯穿全园并使整个园林形成一个现实生活中的时间、空间的道路为纽带，移步换景成画，令观者由画入景、由景入境，通过图与画的结合对园中园的个体创作途径进行分析解读。这种尝试以绘画的艺术形式进行情境复原研究和艺术创作，探寻山庄造园艺术的精髓，不失为一次大胆创新，即通过视觉研究方法和绘画艺术双重手段，研究现实主义和浪漫主义创作方法高度结合并指导园林创作。从鸟瞰到透视再到细节处的精细描绘与分析，对择址、布局、组景、尺度、边界处理、视线关系、假山、植物等进行忠实而艺术的再现。解读中国传统园林造园艺术是更好地继承和创新的前提，从中不仅可通过图画领略山庄内的壮美景色，更能通过继承和发扬传统园林文化的精髓，助力当前园林建设，也必将对当前风景园林规划设计具有重要启发、指导和借鉴。

5.2.3.1 青枫绿屿（复原）

"青枫绿屿"景题立意耐人寻味，在于山庄主人羡慕"江作青罗带，山如碧玉簪"的桂林山水。山立水际有若水中之屿，如遇云蓝飘渺，更可动"山在有无中"之情，也便是"绿屿没余烟，白沙连晓月"的诗境。植物景观和季相特征结合，成片青枫（此处为槭树科平基槭）到了夏天"浅碧浓青，全山一色"，入秋则"万叶皆红，丹霞竞采"。因此，体悟园名、景名，结合现状调研对照复原图纸进行创作。

(1) 遗址调研

该景点目前已复原，整体格局基本是按照康熙时期的景象，个别地方略有改动，但不影响对其景象的复原想象，站在此处仍能领略其独特之处，验证了巧于因借的思想（图5-63）。

(2) 创作依据

①诗文题刻

石磴高盘处，青枫引物华。闻声知树密，见景绝纷哗。
绿屿临窗牖，晴云趁绮霞。忘言清静意，频望群生嘉。
青枫多秀色，乍可傲霜朝。楼榭惟存意，烟霞尽许招。
司勋权阁笔，王子欲吹箫。却望丹邱迥，何当过石桥！

——乾隆《青枫绿屿》

借助描述该景点的诗文，从中品读其意境和情境，携诗循迹，身临其境体会诗文中描绘的景象，启发创作。

②建筑形制 分析该景点内建筑形制及其布局，门殿名为青枫绿屿，面阔三间，前后出廊，卷棚硬山式屋顶，经弧形粉墙穿月亮门至主殿名为风泉满清听，面阔五间，前后出廊，其中榭（吟红榭）是一种借助于周围景色而见长的园林休憩建筑，也意为建在高土台或水面（或临水）上的木屋。堂（青枫绿屿）是对居住建筑中正房的称呼，用于举行典礼、接待宾客、日常生活起居而非寝卧，多位于建筑群的中轴线上，体型严整。廊是园林中的突出建筑，连接建筑之间，有顶，是划分空间组成景区的重要手段，本身就是园中之景。该景点整座院子坐北面南，建筑布局接近于北方的四合院，一共有两进的院落。庭院南边围有篱笆墙，靠近南山积雪亭，篱笆墙上设有进入庭院的圆洞门。进入院子以后，东侧有殿三间，硬山顶，前后设有回廊。西面建殿三楹，前后设有回廊，硬山卷棚屋顶，有康熙题额的"霞标"。青枫绿屿殿的西南面兼有曲尺转角房四楹，附有乾隆题额"吟红榭"。由"吟红榭"往北有围房六楹，内部并没分间，显得特别宽敞明亮。在"风泉满清听"殿的东面，连着前廊有刘健平顶配房，向东开窗，平顶上面设

图5-62 青枫绿屿现状　王丹丹摄

1.透过枫林，北侧院墙随地形起伏　2.西侧围房至吟红榭　3.北侧外墙台基升高　4.粉墙分割院内　5.廊子连接门殿与吟红榭间高差　6.门殿内与弧形粉墙交界处西侧叠石处理　7.粉墙与围墙交界地面为排水沟　8、9.采菊东篱下，悠然见南山（编篱种菊、因之陶令当年）　10.透过月亮门看风泉满清听　11.罨画窗

有平台。在东侧的配房和"霞标"之间，沿东侧山崖垒砌一道上有形状各异磨砖边框的什锦窗的腰墙，墙上虚窗洞开便于观景。到乾隆时期，乾隆命其名曰"罨画窗"，意为掩藏着图画的窗户，透过窗户望去一幅彩色的画卷便展现在眼前。此景被列为乾隆三十六景中的第二十七景。这道腰墙是平台与"霞标"之间的过渡建筑，打破了沿中轴线对称的建筑格局，使全组的建筑景观富于变化，同时加强了中院封闭空间的对外联系。在门殿和正殿之间建有一道弧形的腰墙，墙下点缀着零星的山石，将庭院前后隔开，形成两层的院落。其间三棵苍翠的古松傲然挺立，组成一道天然的屏障，并与中院及附近的青松遥相呼应，将景观与大自然融为一体，植物成为景观不可分割的一部分。

③环境要素　青枫绿屿，这是始建于康熙时的一组园林建筑，处于松云峡北东端之高处，这里是平原和山区接壤的所在，又和湖区有风景联系，得景借景条件十分优越，因此是造景的要点。南北二峰，分别安置南山积雪亭和北枕双峰亭，东临悬崖，西为缓坡，构成一级台地，平面格局规整，利用地形高差或为廊屋，或为漏墙，其东南突出一榭——吟红榭，东北接一平台。结合剖面和立面图看现状，可知全园南北地形平缓，东西仅围房侧出廊处与主庭院交界处以跌落山石处理，现已复原作为环山游的第一站，从这里近可俯瞰岭下平原区之万树园和永佑寺，远可观磬锤峰、普乐寺等，视野开阔。

另从复原平面图中看（图5-63），"青枫绿屿"门殿为面阔三间，前后廊，卷棚硬山式屋顶，后殿为五间，康熙提名为"风泉清听"成为主要院落，院落西侧跌落以山石处理，高差近2m，因正对西面山坡平基槭林，所以乾隆时提名吟红榭，现此处作为具有服务功能的餐饮处，吟红榭牌匾移至他处。其园林布局巧妙之处在于，与周边环境形成了充分借景，通过园内园外地形高差，或为廊屋，或为漏墙，在规整中错落，统一中需求变化，这也是山庄内康熙时期园林建筑规划的典型特征。

（3）创作步骤

根据上述资料，进行系列复原创作（图5-64～图5-68）。

5.2.3.2　山近轩（遗址）

《热河志》："轩在山庄西北，峰峦窈窕，环抱橄榄，万山深处，命名'山近'纪实也。"山近轩四周峰峦岑岭起伏，北临峭崖形势险峻，置身于峰峦环抱的轩檐中，只觉山近，似乎超然于物外。可见"山近轩"景名就是因境而生，山近轩坐东北面西南，在长约70m的地段内，地势高差达25m，在高差很大的地面上，依山就势以石墙、假山垒砌而成四层台地，自然跌落上下，其上布置建筑，全组建筑共有房屋约70间。

山近轩采用辟山为台的做法安排建筑，台分三层，大小相差悬殊，自然跌落上下，建筑朝向完全取决于这

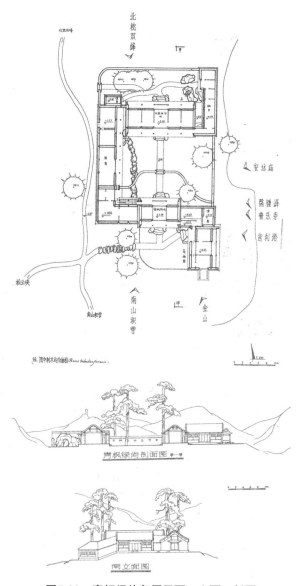

图5-63　青枫绿屿复原平面、立面、剖面
（汪菊渊，2010）

片坡地的朝向，偏向西南，山近轩与周边环境高度融合，未采取填壑垫平的办法，将通过广元宫的石桥借助金刚座抬高跨涧而过，由此，山势起伏，山涧奔流。山近轩建筑的主要层次反映在顺坡势而上的方向，游览方向大致呈"之"字形延展，既呈蜿蜒之势，又延长游览路线。尤其最上一层狭窄台地的路线处理，避进深之短，就面阔之长，几乎穷于山顶，却还有路可通。大片松林，构成浓荫蔽日的山林，在空间动态构图方面，有循游览路线不时成为建筑的前景和背景。

（1）遗址调研

现状通往山近轩沿途顺地形架设几座石桥，站在谷底顿觉其壮观，山近轩处的三孔桥是通达山近轩的重要路径，桥旁边杂树丛生，画意犹存，经三孔桥到门殿，现状入口台基尚可辨识，由延山楼、簇奇廊、山近轩、清娱室围合成的院落已经坍塌，无法进入，延山楼外弧形墙基清晰可见，顺外侧石台阶经一小石板桥至养粹轩，继续前行可达古松书屋，由此可远眺广元宫，形成良好的对景。通过复原图纸结合现状残存的墙基基本能定位出山近轩院落位置及形态，实地捕捉其中的景致对创作十分有利（图5-69）。

（2）创作依据

依据山近轩复原图纸资料（图5-70），再结合遗址调研及文献资料，为复原透视和鸟瞰图提供参考。

① 诗文题刻

古人入山恐不深，无端我亦有斯心。

丙申初构己亥得，仲夏新来清晓寻。

适兴都因契以近，摛词哪敢忘乎钦。

究予非彼幽居者，偶托聊为此畅襟。

山近轩建于乾隆四十一年秋（1776年）至四十四年夏（1779年）。从避暑山庄整体上看，山近轩是山区众多园林中的一个，这些园林互相沟通连接，使山区景致更加丰富的同时，也结合曲折的山路营造出深山的神

步骤图　　完成图　　步骤一　　步骤二　　步骤三　　步骤四

图5-64　青枫绿屿鸟瞰图创作　风景园林专业2016级　李星熠绘制

图5-65 青枫绿屿"风泉清听"透视图创作 风景园林专业2016级 唐中慧绘制

第5章 园林素描风景画创作步骤与实例

图5-66 青枫绿屿A视点透视图 风景园林专业2015级 冯一帆绘制

图5-67 青枫绿屿B视点透视图 风景园林专业2015级 马源绘制

第5章 园林素描风景画创作步骤与实例

图5-68 青枫绿屿鸟瞰图创作　风景园林专业2015级　王馨艺绘制

图5-69 山近轩遗址 王丹丹摄

1. 三孔桥　2. 山近轩内庭坍塌山石　3. 延山楼弧形墙基　4. 延山楼外进入二层入口处台基　5. 自古松书屋眺望远处广元宫

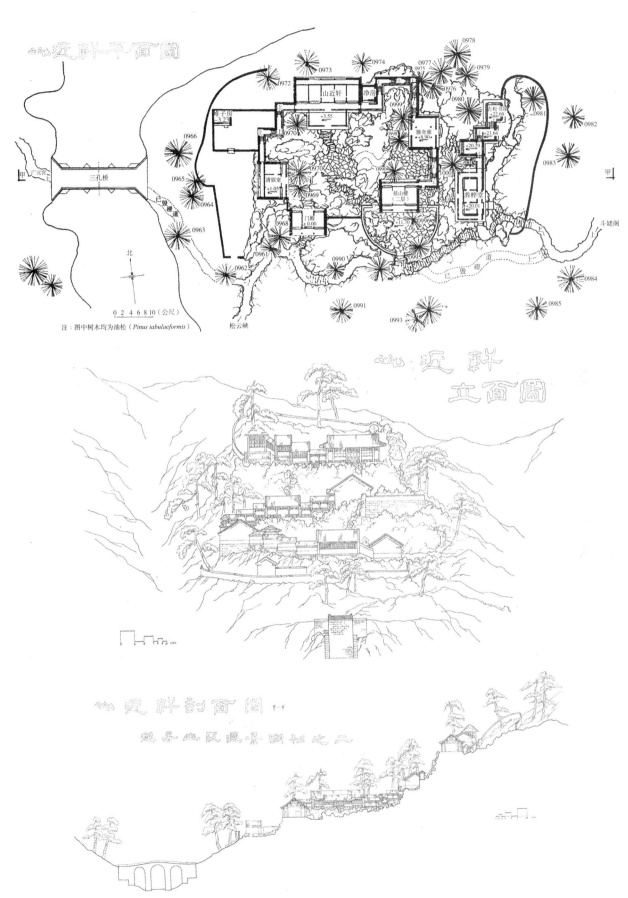

图5-70 山近轩复原平面图、立面图、剖面图（汪菊渊，2010）

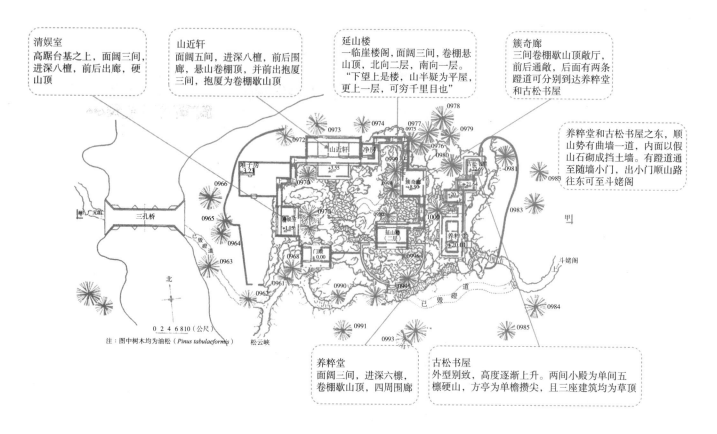

图5-71　山近轩建筑形制分析　风景园林专业2016级　雷蒙改绘（底图引自汪菊渊，2010）

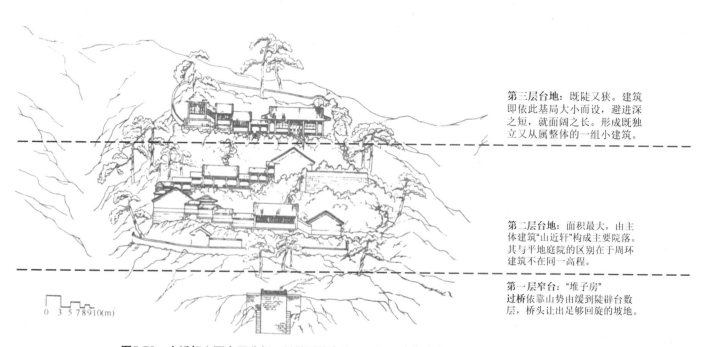

图5-72　山近轩立面台层分析　风景园林专业2016级　雷蒙改绘（底图引自汪菊渊，2010）

秘感。山近轩立意上很大程度有崇古之意，也是一种对超然宁静的追求。在空间结构方面，山近轩藏于万山深处，四周翠屏环抱，人入山怀，朝向完全取决于山坡朝向。采用辟山为台的做法安排建筑，台分三层，大小相差悬殊，自然跌落，"千方百计以人工美入自然，不破坏自然地形地貌"。

山近轩园内外真假山石互相陪衬，空间组织丰富，建筑高低错落有致，游廊、磴道搭配合理。建筑之间全部以山石磴道联系，同时也有游廊贯穿，极富天然情趣。建筑物广用石材，槛墙还采用石雕加以修饰，古朴而壮观。整个园林建筑、假山、磴道、岩洞衬以曲廊，加之四周翠屏环抱，山林意味浓厚，体现出一种情理协调、舒缓自由、节奏鲜明的园林艺术效果。

②建筑形制

建筑（标高）及形式（图5-71、图5-72）：

门殿（±0.00）——卷棚三开间、前出廊；

清娱室（+1.05）——卷棚三开间、前出廊；

山近轩（+3.55）——卷棚五开间、前抱厦；

簇奇廊（+8.90）——卷棚；

延山楼（+11.70）——双层卷棚三开间、前后出廊；

养粹堂（+20.01）——卷棚歇山三开间、前后出廊；

古松书屋（+22.69）——四角攒尖茅草顶。

③环境要素　山近轩藏于万山深处，四周翠屏环抱，人入山怀。朝向完全取决于山坡朝向。过桥依靠山势由缓到陡辟台数层，桥头让出足够回旋的坡地。第一层台地紧邻崖沿，这是一块较平坦的地面，四周砌有围墙，构成一个小院落，院中有内间堆子房。第二层台地面积最大，由门殿、主殿、旁室、敞厅、游廊等建筑构成一个主要院落。门殿南向，面阔三间，进深六檩，后出廊，硬山顶，明间后部，安隔扇及屏门。山近轩面阔五间，进深八檩，前后围廊，悬山卷棚顶，并前出抱厦三间，抱厦为卷棚歇山顶。清娱室高踞台基之上，面阔三间，进深八檩，前后出廊，硬山顶。簇奇廊为三间卷棚歇山顶敞厅。由主体建筑"山近轩"构成的主要院落庭院中用假山分隔空间，以山洞磴道连贯上下"混假于真"，其与平地庭院的区别在于周围环建筑不在同一高

程。《园冶·立基》："下望上是楼，山半疑为平屋，更上一层，可穷千里目也。"在此，延山楼底层平接庭院地面，底层之西南向外高出一个半圆形高台。高台地面又与二层平接，形成别致的山楼。视线突破了居山深处的限制得以远舒。整个西南面以台代墙，建筑立面出现起伏高下的效果。养粹堂正对延山楼山墙，居高显赫，东北端以廊做尺性伸展。第三层台地则既陡又狭。建筑依此基局大小而设，避进深之短，就面阔之长，形成既独立又从属整体的一组小建筑。《园冶·掇山》中提到"阁皆内敞也，宜于山侧，坦而可上，以便登眺，何必梯之"。第二层台地内庭院中布满假山石，而以山石磴道通往各处。穿山洞上磴道而至簇奇廊，在养粹堂和古松书屋之东，顺山势有曲墙一道，内面以假山石砌成挡土墙。

(3) 创作步骤

以下将根据平面图选取视点进行系列创作（图5-73~图5-81）。

5.2.3.3 碧静堂（遗址）

碧静堂建于乾隆二十八年，位于山区四条山谷之一——松云峡的三级谷地里，属于承德避暑山庄苑景区的山区景观遗址。整个庭院建立在清凉怡人的山涧之中，大体可以分为两排横向的建筑，并开三个庭门入口，作为一个具有三进院落的较大庭院，均采用了坐南朝北的朝向。处于沟谷之中的碧静堂，其谷内是暖气流和冷气流交汇的地带，在炎炎暑日，山坡背面的气流，扫过松林后，再经过谷内的顺风道进入庭院之中，能给人带来清爽的空气和阵阵凉意，让庭院具备最佳的避暑效果。

（1）遗址调研

碧静堂的门殿坐落在山腰处，以亭为门，取八方重檐攒尖亭矗立在小山脊，亭小而峭立山腰，高度足以屏障内部园景以增加游览的层次，游者自下而上，视线及亭而止，但见门亭巍立，不知园深几许，非常之妙。与门殿衔接一段爬山廊，分别至碧静堂、松鹤间楼、净练溪楼，其中静赏室和净练溪楼相对成景，园内布局精巧、紧凑、疏密相间。全园的路线不长，却有上

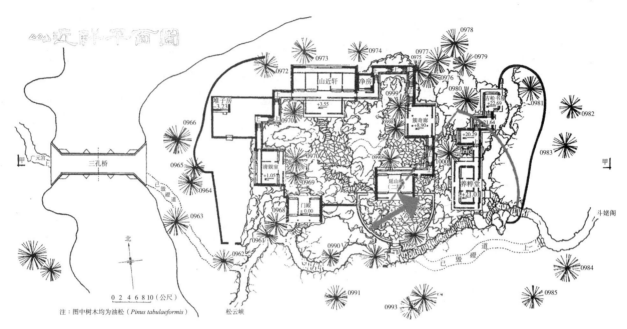

图5-73　避暑山庄——山近轩平图取景角度　王丹丹改绘（底图引自汪菊渊，2010）

山、下涧、爬山廊、石桥等多种形式变化。游览路线以碧静堂为中心形成"8"字形两个小环游路线。古松完整，碧静堂因坐落在背阴山谷中而从环境色彩之"碧"、山壑之"静"得凉意，手段虽异，殊途同归。南北高差10m，建筑及游廊架于三条山脊与两条沟涧之上，地势高低错落较为复杂。园背面正对山谷，其余三面有群山环绕。园内现有松树约50棵，其中直径大于500mm的油松有9棵，存活7棵（图5-82）。

（2）创作依据

根据碧静堂复原图纸，再结合遗址调研情况进行分析（图5-83、图5-84）。

①诗文题刻

入峡不嫌曲，寻源遂造深。
风清活葱茜，日影贴阴森。
秀色难为喻，神机借可斟。
千林犹张王，留得小年心。

从这段乾隆皇帝所题的碧静堂诗文中，可体会到此景虽立地在背阴山谷处，经巧妙营建，却能呈现出一派化腐朽为神奇的妙境。自北向南地形抬升，沿溪谷拾阶而上，眼前一片浓密成荫的参天古松，静幽深邃，园虽紧凑，但主次分明，游在其间，随地势起伏变化俯仰皆景，游廊时而顺地形而建，时而跨溪涧而筑，难怪乾隆皇帝会发此感慨。

②建筑形制

建筑（标高）及形式如下：

门殿（±0.00）——八角重檐攒尖；
碧静堂（+7.09）——卷棚三开间、前后出廊；
静赏室（-7.83）——卷棚歇山、前后出廊；
松鹤间楼（-5.09）——两层卷棚、前出廊；
净练溪楼（-9.09）——前有檐廊，后有厦廊。

园内建筑分别为八角亭门殿、净练溪楼、松鹤间楼、碧静堂和静赏室。门殿与净练溪楼由爬山廊相连，形成一组，居于北；松鹤间楼、碧静堂、静赏室共为一组，居于南。全园建筑全部顺应地势，前后两组建筑总体上将全园分成三进，但又不同于传统意义上的院落空间构成：第一进院落无法进入，只能由净练溪楼向北观景；第二进院落由两组建筑与围墙围合，前后两组互作对景，成俯仰之势；第三进院落由南侧一组建筑与院后围墙组成。园中没有明显的轴线关系。

碧静堂位于南面建筑群的正中心，其西面是静赏室，静赏室屋架为八檩硬山顶，前后局部出檐廊，北侧廊与碧静堂相通。东面则是松鹤间楼，这几座主要建筑之间通过高低起伏的走廊相连接，依附着地势，在视觉上有一种均衡而又不对称的效果。碧静堂北面的建筑主

图5-74 避暑山庄——山近轩之养粹堂、古松书屋　王丹丹绘制

避暑山庄的山近轩是因地制宜，因山构室的佳例，辟山为台安排建筑，养粹堂、古松书屋位于场地最高处台层，为展现地形与建筑的巧妙结合，选取鸟瞰视角进行描绘，强调屋面之间的起伏变化，建筑、植物、山形都采用简洁概括的线条，使画面整体协调一致。

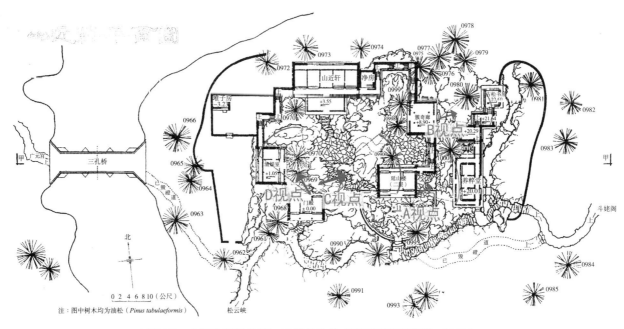

图5-75 山近轩取景角度　王丹丹改绘（底图引自汪菊渊，2010）

图5-76　山近轩之养粹堂A视点透视效果图　风景园林专业2014级　李爽绘制

图5-77　山近轩之古松书屋B视点透视效果图　风景园林专业2015级　姚晔蓓绘制

第5章 园林素描风景画创作步骤与实例

图5-78 山近轩之延山楼—簇奇廊—古松书屋C视点透视效果图　风景园林专业2015级　冯一帆绘制

图5-79 山近轩之清娱室D视点透视效果图　风景园林专业2015级　段雨汐绘制

图5-80　山近轩之簇奇廊仰视效果图　风景园林专业2015级　段雨汐绘制

要是横跨山涧修建的一组楼阁建筑，即"净练溪楼"，该楼在布局上稍微偏向西侧的位置，与南面的楼阁建筑群配合形成了一种空间上平衡的感觉，且净练溪楼与南面的松鹤间楼有一种遥相呼应的美感。碧静堂庭院中的门殿均修建成重檐八角亭，在"三脊夹两涧"的特殊地势之下，此种门殿的修建充分体现了庭园建筑师们在修建园林时的缜密心思。即使是八角门殿与正殿碧静堂也并非处在同一轴线，两者在东西方向相距约3m。总体而言，碧静堂建筑群是自由式布局的，与康熙时期的山区园林相比具有较大差异性，与江南园林相比在地形地貌、建构理念、艺术处理上也有很大区别。

③环境要素　碧静堂大山衍生小山，小山似离大山，形成三条山脊间夹两条山涧的"巚"地形。保留和利用奇特的自然地貌特色成了园林安置建筑成功的主要依据，使建筑依附于自然景观。顺应环境、利用环境，巧妙地利用了三丘、二涧，变不利为有利，使这组庭院极富特色。

（3）创作步骤

选取角度进行透视图创作（图5-85~图5-89）。

5.2.3.4　玉岑精舍（遗址）

玉岑精舍在碧静堂西，沟壑深处有圆形庭院一处，主殿三楹，名"玉岑精舍"。可译为玉山、雪山、神舍。《晋书·皇甫谧传》有"排阊阖，步玉岑，登紫闼，侍北辰"句，乾隆帝以此题名，意表登玉岑，侍北辰的情怀。

玉岑精舍由于谷风所汇，山涧穿凉而得风雅。创作者根据地形确定了"以少胜多、以小克大、藉僻成幽、细理精求"的创作原则，即所谓"精舍岂用多，潇洒三间足"的构思。"玉岑"和"精舍"是"相地合宜，构园得体"的范例，此景僻静、优雅、朴野。在游览线

图5-81 山近轩鸟瞰图创作 风景园林专业2014级 李爽绘制

图5-82 碧静堂遗址　王丹丹摄
1.通向门殿处油松石路　2.门殿东侧跨溪处残垣　3.碧静堂南侧遗址　4.掩映在油松林下遗址
5.两条山涧北侧交汇处地形　6.跨山涧处围墙涵洞遗址

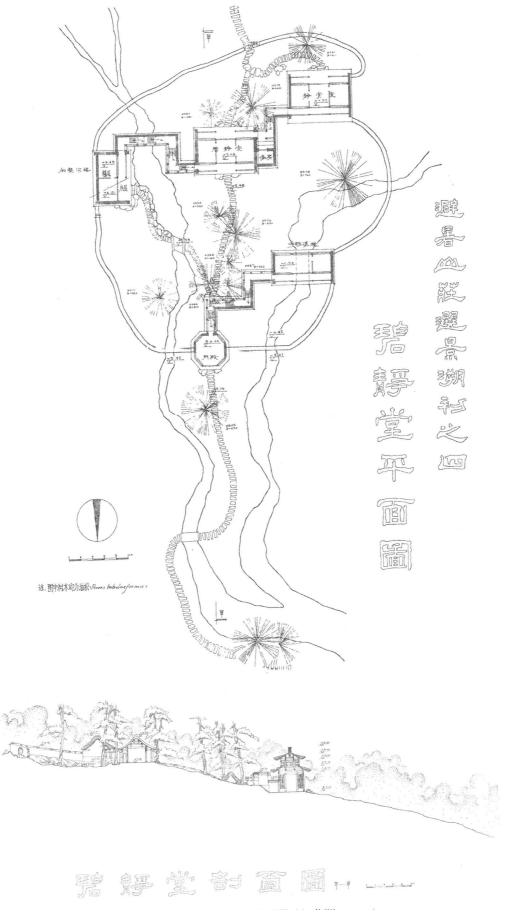

图5-83 碧静堂平面图、剖面图（汪菊渊，2010）

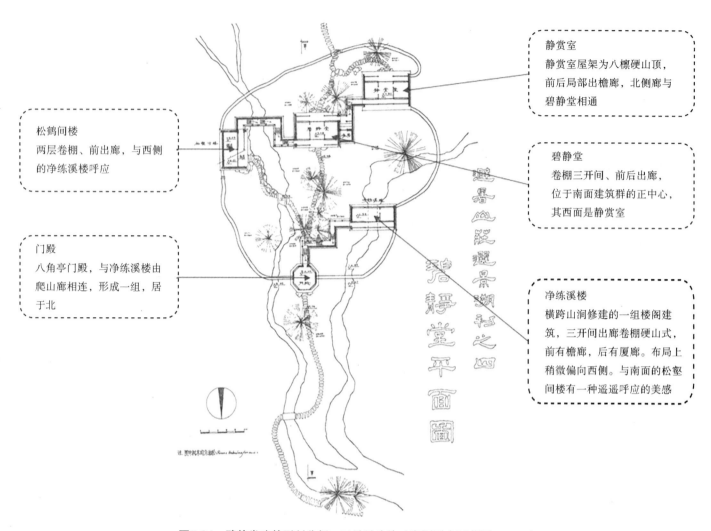

图5-84 碧静堂建筑形制分析 王丹丹改绘（底图引自汪菊渊，2010）

路上兼备仰上、俯下的特色，不足之处在于必走回头路。在含青斋西南山谷里，有一处沟深谷徒地势险要的庭院，谷底溪涧奔腾着从庭院中穿过。庭院建于沟谷两侧，主殿三楹，名"玉岑精舍"，主殿隔溪的山峰上建有一殿，因云朵常徘徊于此，故取名"贮云檐"。由贮云檐沿石道自西而东行，有亭两座，一座名为"涌玉"，另一座名为"积翠"。山脊上有意室名叫"小沧浪"，室外有盆形水池，清澈如明镜，似定州雪浪石。玉岑精舍位于山庄的山区，整个山地林木繁茂，遮天蔽日；又由于这几条沟峪是进山的山口，山风经此而注入山庄，因此在沟谷中形成了一个小气候。盛夏，山地中的气候比湖区、平原区低1~2℃，比市区低4~5℃。

玉岑精舍位于松云峡西北支谷尽端，此东西走向支谷又与北面急降的小支谷垂直交汇，交汇点即为此群体建筑中心。夹谷的山坡露岩嶙峋，构成山小而低，谷低且深，陡于南北，缓于东西的山壑风貌。造园者依地势，采取"精舍岂用多，潇洒三间足"的构思，因势就景布置三室二亭。南界西界有曲折连廊连接室亭，东南门一侧连接蛇形墙，围合成内院空间，山水之境为主要观赏点，建筑与曲廊分别为观景点与游赏线，内部游览时俯仰皆景，外部观赏则建筑立面参差高低，围墙斜走、山廊鱼贯，配以山景，空间层次十分丰富。

（1）遗址调研

根据遗址地形及建筑物台基和台阶基本可以了解其布局关系（图5-90）。

（2）创作依据

①诗文题刻

西北峰益秀，戌削如攒玉。

此而弗与居，山灵笑人俗。

精舍岂用多，潇洒三间足。

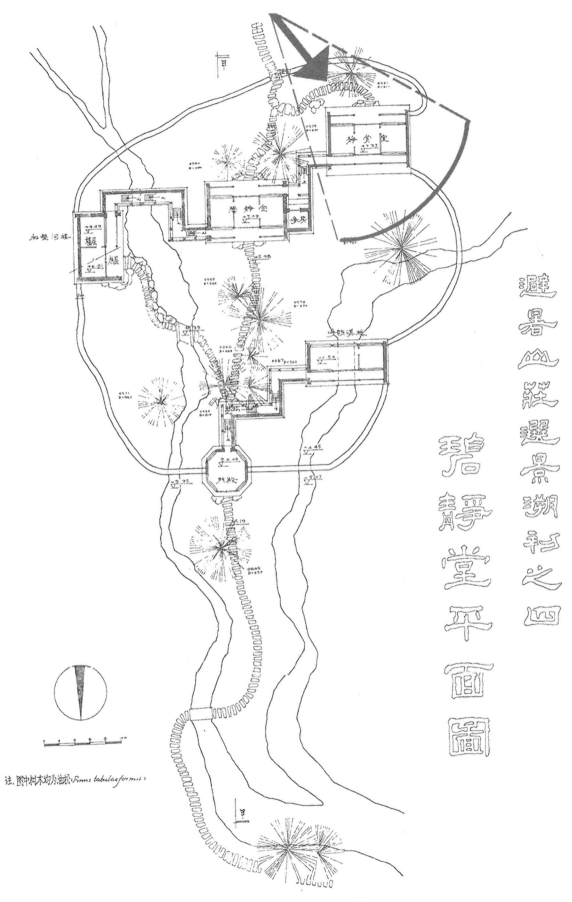

图5-85 碧静堂平面图取景角度（汪菊渊，2010）

图5-86 静赏室透视图创作 王丹丹绘制

图5-87 门殿透视图创作 风景园林专业2015级 李柳意绘制

图5-88 门殿透视图创作 风景园林专业2015级 岳星丞绘制

图5-89　碧静堂透视图创作　风景园林专业2015级　郭子语绘制

可以玩精神，可以供吟嘱。

岚霭态无定，风月芷有独。

长享佳者谁，应付山中鹿。

② 建筑形制

建筑（标高）及形式（图5-91、图5-92）如下：

贮云檐（+10.85）——卷棚；

涌玉（+2.90）——卷棚歇山重檐，前后抱厦；

积翠（+4.45）——单檐四柱攒尖；

玉岑室（±0.00）——卷棚；

小沧浪（+2.15）——卷棚；

爬山廊（+10.85-2.90）——单面廊。

③ 环境要素　现状杂木丛生，根据复原图纸和遗址对照，周边地形较为清晰，地形地势北高南低，因山就势，跨水而筑多种建筑，尤其北侧较高地势，连续转折并设爬山廊，造就了俯仰皆景的艺术效果。

（3）创作步骤

下面就结合资料进行多角度的复原创作与想象（图5-93~图5-99）。

5.2.3.5　秀起堂（遗址）

秀起堂是西峪景区三组建筑群中规模最大、工程最复杂，高低错落、建造巧妙的一组建筑群。山门三楹，偏西、南向，门殿额曰"云牖松扉"。它前有檐廊，后有厦廊。进院东有曲廊通敞亭，敞亭东有游廊可通东南角的"经畬书屋"，乾隆时曾在这里编校《四库全书》，"经畬书屋"东有眺楼，是藏书的地方。敞亭北有跨涧石拱小桥，桥东有"振藻楼"，三楹重层，四周设廊，此楼是一独特的曲尺形建筑，南向三间，西向二间，面涧临崖，上层部分除可由底层楼梯登楼外，也可以从上部平台进入。楼后高台上有一方亭。桥西北有"绘云楼"，东西设偏厦。两楼之间，横隔溪涧，有回环、跨

图5-90 玉岑精舍遗址 风景园林专业2016级 雷蒙摄

涧的曲廊将两楼连通。在庭院的后半部，"振藻楼"后方亭与"绘云楼"之间，向北顺山势起三级平台，台顶建有面阔五楹的歇山卷棚顶大殿一座，即"秀起堂"。堂西出西北门（或沿院墙外的磴道）向东北方向上山，可通后山之巅的"眺远亭"，亭为八角单檐方亭。过眺远亭不远，即到更高山巅的"四面云山"。这里沟涧陡峭，山涧底至围墙基部高差14m。此组建筑巧妙地利用了多变的地形、地势变化自然布置，沟涧处理尤显造诣，两山间点缀着殿、堂、亭、桥、楼、阁、廊等形式的建筑。各殿并有游廊连接，是山区游廊最多的一组建筑。北部是依山就势的阶梯式建筑，与起伏的山势相协调，大有步步登高、"秀起"之姿。整组建筑构建别致、布局灵活，堪称山庄山区建筑的佼佼者。

乾隆帝对此园林名"秀起"，有三个层次：第一，"中隆岩靡若悬居，拱揖群峰尽俯诸"：秀起堂北靠主峰，高耸俊美，周围群山均对其参拜；第二，整组建筑卓尔不群，静含太古山房对其仰视，鹫云寺为其朝辑；第三，"涧溆之中含飒爽，云霄以上与徘徊"。秀起堂主殿依托地势坐立在园最高处，与前方的绘云楼、振藻楼组成稳定的三角构图，又有三层台阶烘托其气势。秀起堂在地形上，选取风水极佳的山地，基址北靠高大的主峰，南面有溪涧由东向西奔流而下，形成地形丰富的谷地。东南边又有一条溪涧汇入，与之汇合。再南又有一小丘横卧，形成"两山夹一涧"之势。秀起堂山地庭园与山水融合的方式是将建筑围绕山水而布局。在"两山夹一涧"和"三涧交汇"的地形中，建筑环绕和跨越溪涧，在远离溪涧湿气的高敞处建秀起堂，将远山近水皆收入堂中。秀起堂门殿宫门三开；屏风上面南挂高宗御笔黑油匾一面"云牖松扉"，这一匾额名出自《符子》："尧曰：'余坐华殿之上，森然而松生于栋；余立棂扉之

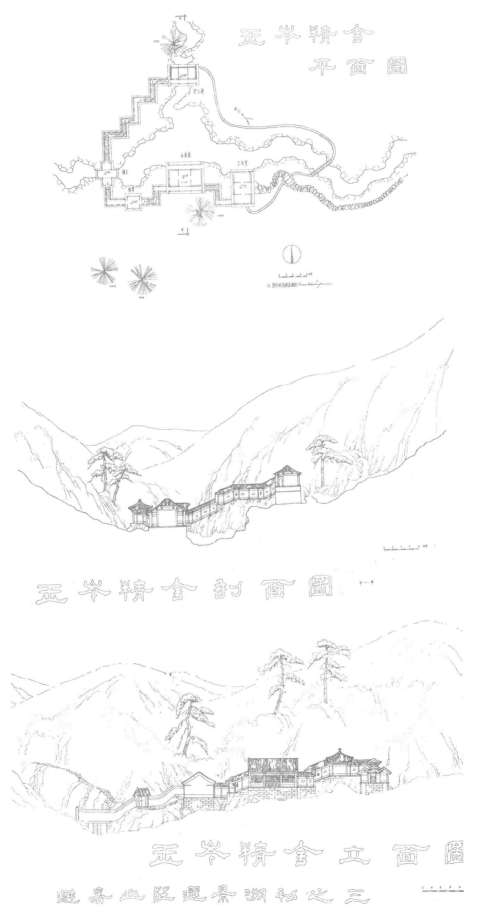

图5-91 玉岑精舍平面图、立面图、剖面图（汪菊渊，2010）

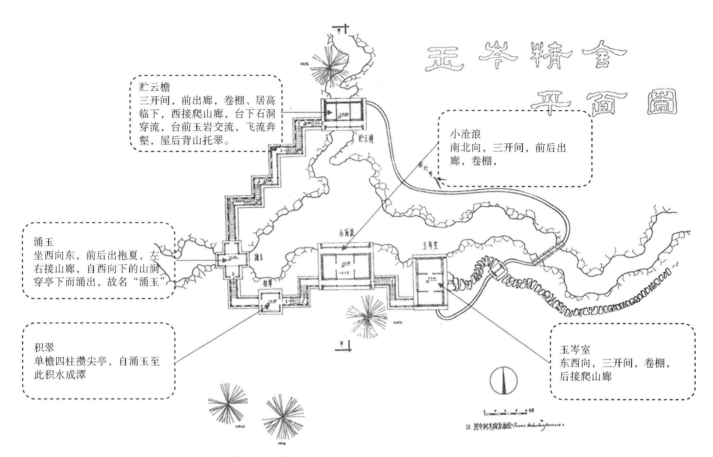

图5-92 玉岑精舍建筑形制分析　王丹丹改绘（底图引自汪菊渊，2010）

内，霏然而云生于牖。'"可见建筑周围当是松木环绕，又有云雾缭绕之意境。

秀起堂位于全园最高处，由层层高台托出，是园内中心建筑，因而可观园内佳景：远可观西沟绵延，近可看东边书屋与曲廊；南边可望见流水潺潺，亭台参差，西边鹫云寺烟雾缭绕，山房错落有致；堂后小天地可观山石起伏，花树扶疏。

（1）遗址调研

秀起堂突出台地式布局特色，从现状遗址可见坍塌损毁较为严重，现存小型石构残桥及多处建筑基址（图5-100）。

（2）创作依据

分析秀起堂复原平面图、立面图和剖面图的图纸资料（图5-101、图5-102），了解园内的山形水系关系、建筑形制等相关信息，为进一步绘画创作奠定基础。

①诗文题刻

去年西峪此探寻，山居悠然称我心。

构舍取幽不取广，开窗宜画复宜吟。

诸峰秀起标高朗，一室包涵说静深。

莫讶题诗缘创得，崇情蓄久发从今。

——乾隆《题秀起堂》

②建筑形制

建筑（标高）及形式（图5-104）如下：

秀起堂（±0.00）——卷棚、四面出廊；

绘云楼（-4.77）——卷棚歇山；

振藻楼（-7.83）——两层卷棚歇山、四面出廊；

秀起厅（-5.09）——卷棚歇山；

云腢松扉（-9.09）——前有檐廊，后有厦廊；

经畲书屋（-）——卷棚。

③环境要素　山区园林为保留其"朴拙"的特点，水体多不加装饰，远不如江南园林水体温婉动人，却有一种幽野的情趣。秀起堂基地选在山水俱佳的谷底中，"Y"字型的溪涧汇聚在振藻楼前，配合着周围的山石林木，形成清旷深远的意境。溪流穿过东部跌落廊下的水门潺潺而下，岸边用青石砌筑蜿蜒的驳岸，与东北向

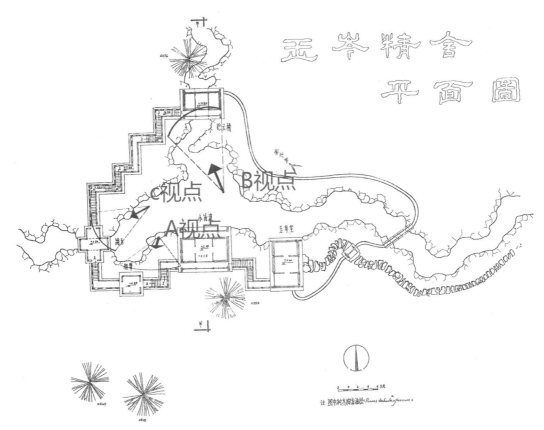

图5-93 避暑山庄玉岑精舍取景角度　王丹丹改绘（底图引自汪菊渊，2010）

图5-94 玉岑精舍A视点积翠透视图创作　风景园林专业2015级　郭子语绘制

图5-95　玉岑精舍B视点贮云檐透视图创作　风景园林专业2015级　马源绘制

图5-96　玉岑精舍C视点涌玉透视图创作　风景园林专业2015级　岳星丞绘制

图5-97 玉岑精舍之玉岑室透视图创作　王丹丹绘制

园林素描风景画

图5-98 玉岑精舍遗址区复原透视创作 风景园林专业2012级 朱胤齐绘制

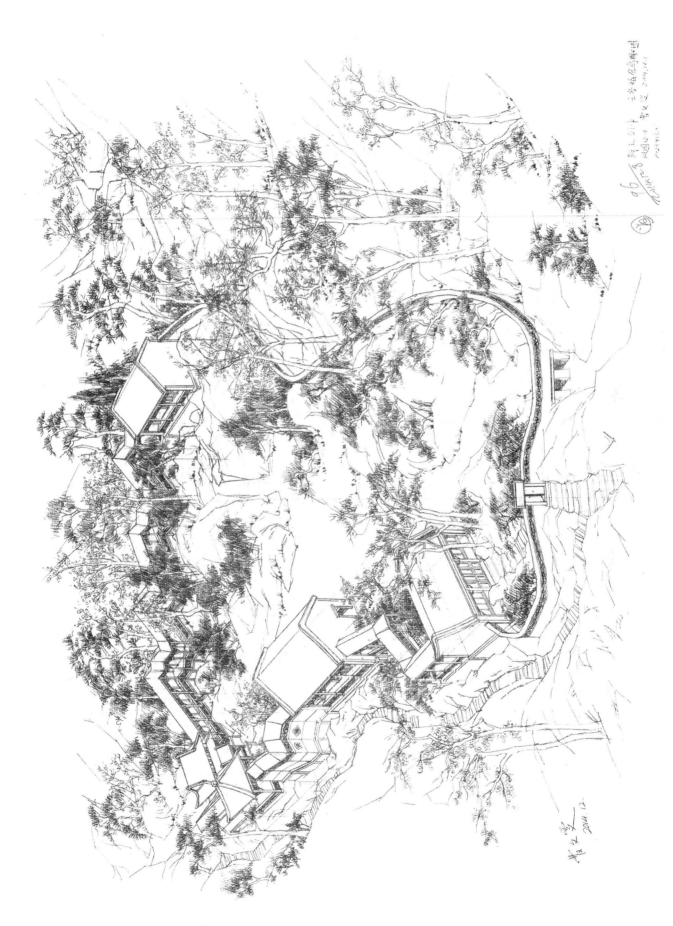

图5-99　玉岑精舍遗址区复原鸟瞰创作　风景园林专业2012级　曹文雯绘制

的溪流汇合，流向西边的水门；西边落差更大，雨季来临水势将更为湍急。秀起堂的假山叠石，竭力渲染山林野趣，与周围的环境相得益彰。园内的假山野趣天成，没有大规模的叠石，多以叠石小品的形式出现。山庄内多遍植苍劲的油松，整个山庄朴素自然、野趣横生。当年秀起堂林木繁茂，乾隆的御制诗文中，有大量对于山林环境的描写："胜开窗引清风，可望亦可听松籁。着色画张枫叶紫，宜时风送桂花香。"

（3）创作步骤

见图5-104~图5-111。

5.2.4 界画改绘创作

5.2.4.1 界画概述

关于界画，在东晋顾恺之的《论画》中，第一次出现了"台榭"之说。隋唐时又称为"台阁""屋木""宫观"。到了宋代郭若虚的《图画见闻志》中，便有了"界画"一词。兼具科学性和艺术性的界画在经历两宋大发展后，随着当时文人画的日渐主流化而逐渐衰微，这既有社会时代因素，也有界画自身原因。明末清初时，从事界画创作的画家已经寥寥无几，而远离当时的政治中心、文化中心和正统艺术中心的扬州地区，在比较富足安定及绘画领域表现出更为包容的社会环境下，扬州绘画流派中以风物见长、突出表现现实生活和场景题材类的界画得到了广泛的社会支持。其中典型的界画作品要数袁江和袁耀二人的作品，其中涉及不少与传统园林相关的画作。

界画作为我国传统绘画艺术特有的一个门类，其形成和发展与严谨的建筑工程有着密切的关系，在美术史、艺术史、建筑史、园林史、城市史领域都有对界画的研究，这说明界画作为图像艺术，其包含的历史信息可成为各领域的重要研究依据。成熟期的宋代界画更注重建筑与景物、空间浑然一体的整体效果和诗情画意的情境，给人联想与想象的空间和思考。重新认识传统界画的价值，"澄怀观道"借鉴中国传统绘画中的界画理论与思想，尝试将其应用在作为风景园林专业特色精品课程"素描风景画"中，这是对传统绘画艺术理论和艺术形式的继承和发扬，更是对中国传统文化的发扬。

中国传统园林的绘画创作其目的就是要将中国传统园林和中国传统绘画结合起来，通过绘画的形式将中国传统园林中诸要素准确、真实、艺术地表达出来。在古典园林的复原设计研究领域，因界画属于较为严谨的图画资料，突出写实的风格，利用界画复原园林具有一定的可行性。从园林与绘画的深入互动到画意造园的最终确立，诞生了诸多造园家和园林实例，在教育教学方面更应强化应用，以适应蓬勃发展的风景园林学科的发展需求，以应对当今城市和社会对风景园林学科提出的挑战。

5.2.4.2 界画改绘创作意义

任何一种艺术形式往往都不是完全独立的个体，而是与其他艺术形式存在着关联。中国传统界画与古典园林有高度一致的精神内核，二者同根同源，具有密切的联系。如今，随着时间的流逝、战乱等原因，大量的传统园林已不复存在，但我们可以通过画家在作品中的理想描绘一窥往昔胜景。将"园"与"画"二者并置，讨论其中的关系，对推进中国传统园林的研究有着重要意义。

传统绘画多为宏观的鸟瞰视角、平行透视，可有助我们很好地开展园林研究工作，为进一步加深对传统园林的空间体验。以绘画创作的途径改变视角，重新对优秀的界画作品进行解读，可选择从人的视点再现画作中的园林场景，帮助今人更好地感受传统园林建筑的魅力。通过对史料、图文资料、视频等的查阅，了解传统园林的建造背景、建造原因、设计思路、发展过程，更加系统、深刻地学习传统建筑的结构、构建等，有利于更好地传承和发展传统文化。下文就结合界画作品通过范画和学生作品进行简要介绍。

5.2.4.3 界画改绘创作实例

（1）界画《山水条屏》（局部）

根据界画作品进行透视图和鸟瞰图创作（图5-112~图5-114）。

这是清代袁耀绘制的山水图之一，是一幅优秀的界画佳作。取其局部，可见画面中主体建筑为雄伟壮丽的殿堂，人物点缀于夹道和楼阁之上，近处叠石丰富，画

图5-100　秀起堂遗址调研　王丹丹摄

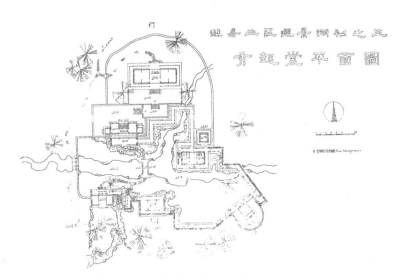

图5-101 秀起堂平面图(汪菊渊,2010)

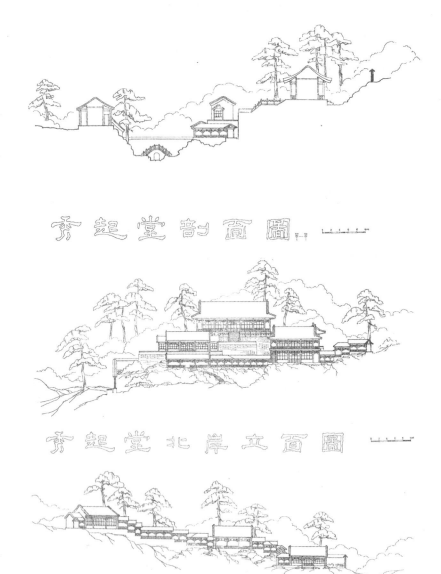

图5-102 秀起堂剖面图、立面图(汪菊渊,2010)

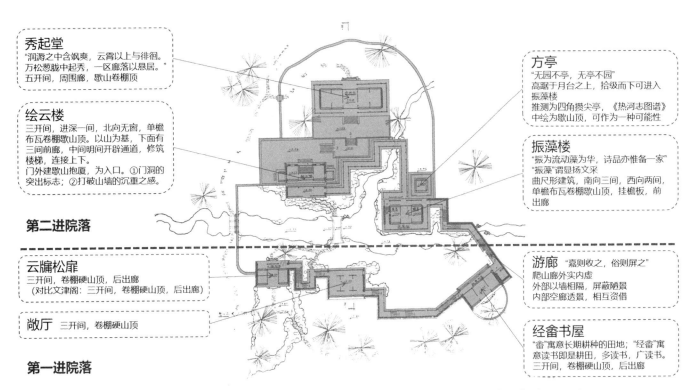

图5-103　秀起堂建筑形制分析　风景园林专业2016级　雷蒙改绘（底图引自汪菊渊，2010）

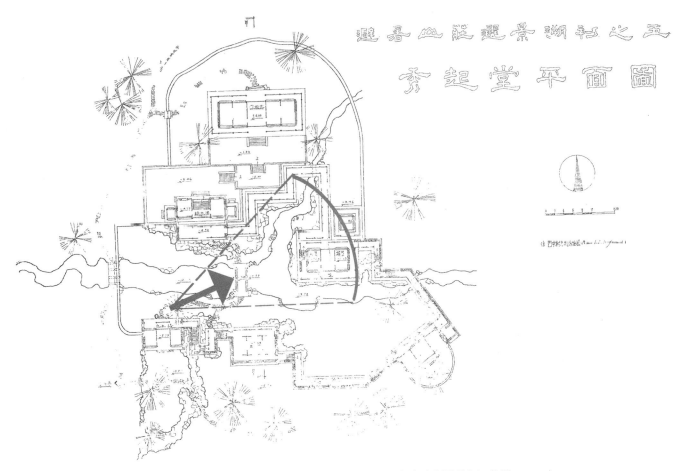

图5-104　避暑山庄秀起堂平面图取景角度　王丹丹改绘（底图引自汪菊渊，2010）

图5-105 秀起堂透视图创作 王丹丹绘制

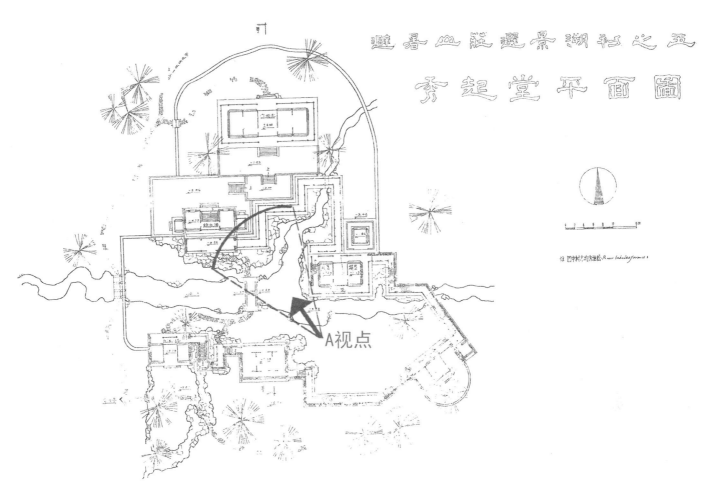

图5-106　秀起堂平面图A视点取景角度　王丹丹绘制（底图引自汪菊渊，2010）

面层次环境要素山石花树都刻画非常细致。画面虚实掩映，笔墨精妙，画点突出，体现了画家高超的界画水平。

（2）界画《观潮图》

此图为袁江的早期作品，描绘钱塘大潮的壮阔景色（图5-115）。浙江钱塘江因其特殊的地理位置形成异常壮观的大潮汛，观潮成为一年一度的盛大活动。钱塘潮"钱江秋涛"闻名国内外，早在唐宋就已盛行。文献载《载敬堂集·江南靖士诗稿·观钱塘潮》诗："乍起闷雷疑作雨，忽看倒海欲浮山。万人退却如兵溃，浊浪高于阅景坛。"图中远山连绵起伏，近处江面辽阔，波涛汹涌，江上船只往来。岸边，树木浓密阴郁，楼阁台榭临江于山石之上。用笔工细，幽雅华丽，此图采用了对角式构图，颇受南宋马远、夏圭边角式构图的影响，山石楼阁集中在左下角，而大半画面用以表现滔滔潮水和淡淡的远山，充分显示了江潮的汹涌壮阔。山石皴法多借鉴北宋李成、郭熙的用笔，江水画法细密严谨，亦有宋人余韵。画面中几位文人士大夫在楼阁中，正在观望远处浩荡的江水。潺潺的江面上烟波浩淼，一碧万顷。近处山石嶙峋，远处空灵飘渺，气势雄伟壮观。

重檐歇山顶从外部形式看，是悬山顶和庑殿顶的结合，形成两坡和四面坡屋顶的混合形式，有一条正脊、四条垂脊，俗称九脊顶。重檐歇山顶在古代严格的屋顶形式划分中位列第二，多用于重要的宫殿建筑殿。天安门、太和门、保和殿等均为此种形式。

三川脊是在完整的屋顶上，将正脊中间一段抬高，并在抬高的两侧增加垂脊。正脊分成三段，中间高、两侧低，并出现四个燕尾。

根据该图进行多幅透视创作（图5-116~图5-119）。

（3）界画《蓬莱仙境图》

《蓬莱仙境图》的创作蕴含了中国古代人对理想人居环境的向往，是人与自然和谐统一的理想表达，建筑

图5-107　秀起堂A视点透视创作　风景园林专业2016级　吴楚悦绘制

第5章 园林素描风景画创作步骤与实例

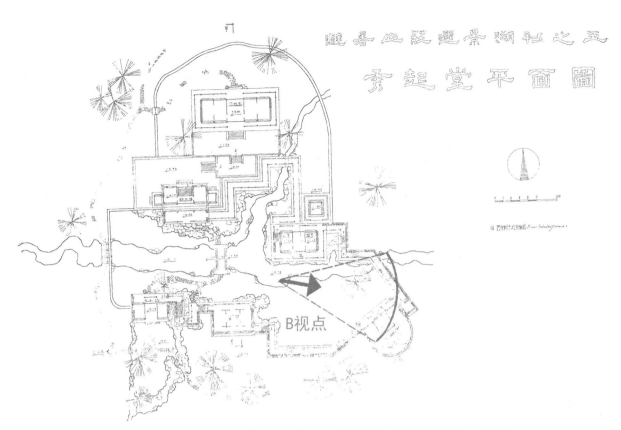

图5-108　秀起堂平面图B视点取景角度　王丹丹绘制（底图引自汪菊渊，2010）

图5-109　秀起堂B视点透视创作　风景园林专业2016级　张翩绘制

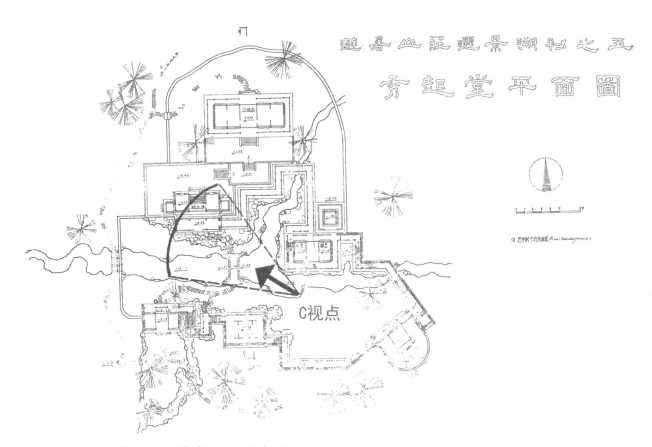

图5-110　秀起堂平面图C视点取景角度　王丹丹绘制（底图引自汪菊渊，2010）

图5-111　秀起堂C视点透视创作　风景园林专业2016级　宋江离绘制

图5-112 界画《山水条屏》（局部）清·袁耀

图5-113 根据界画墨画透视图创作 宫晓滨绘制

图5-114 根据界画画默画鸟瞰图创作 宫晓滨绘制

图5-115　界画《观潮图》（北京故宫博物院藏）

图5-116　界画《观潮图》改绘创作　风景园林专业2016级　雷蒙绘制

第 5 章　园林素描风景画创作步骤与实例

图5-117　界画《观潮图》改绘创作　风景园林专业2016级　王泓萱绘制

图5-118　界画《观潮图》改绘创作　风景园林专业2016级　林惠玲绘制

第 5 章　园林素描风景画创作步骤与实例

图5-119　界画《观潮图》改绘创作　风景园林专业2016级　缪雨莎绘制

图5-120　界画《蓬莱仙境图》局部（北京故宫博物院藏）

图5-121　界画《蓬莱仙境图》改绘创作构图小稿　风景园林专业2016级　唐中慧绘制

图5-122　界画《蓬莱仙境图》改绘创作　风景园林专业2016级　唐中慧绘制

园林素描风景画

图5-123 界画《蓬莱仙境图》改绘创作 风景园林专业2016级 吴楚悦绘制

隐藏在飘渺的山雾深处，宛若仙境，其中建筑结构刻画十分严谨精细，远近环境中山石植物等要素充满浪漫的艺术性（图5-120）。画家将神话传说中的蓬莱仙岛描绘成虚无飘渺的境界。画面中，仙岛耸立在苍茫的海边，岛上亭台楼阁，松柏满山；海面波涛翻滚，云蒸雾腾（袁江、袁耀，2005）。以此图为创作参考，尝试对其进行绘画创作，通过绘画创作的艺术形式体悟画境中的意境与情境（图5-120~图5-123）。

第6章 作品选析

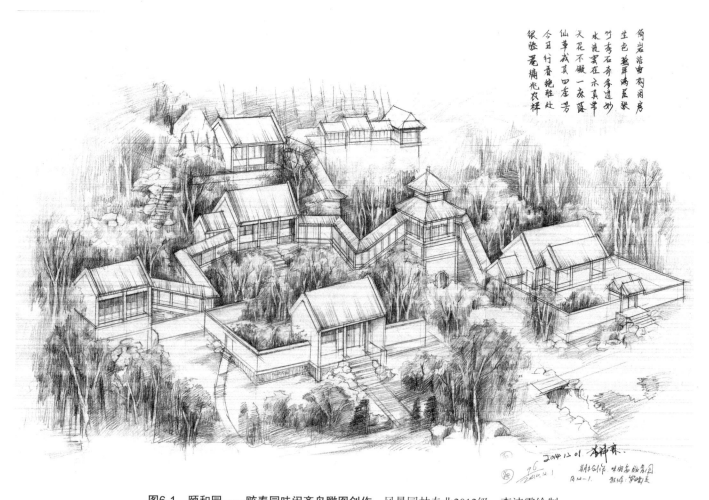

图6-1 颐和园——赅春园味闲斋鸟瞰图创作　风景园林专业2012级　李沛霖绘制

优点：树木植物对建筑的衬托作用组织得较为合理充分，建筑形制准确清楚，调子与线条结合自然，工具与徒手结合顺畅。

不足：鸟瞰下建筑的高度应适当降低。

第6章 作品选析

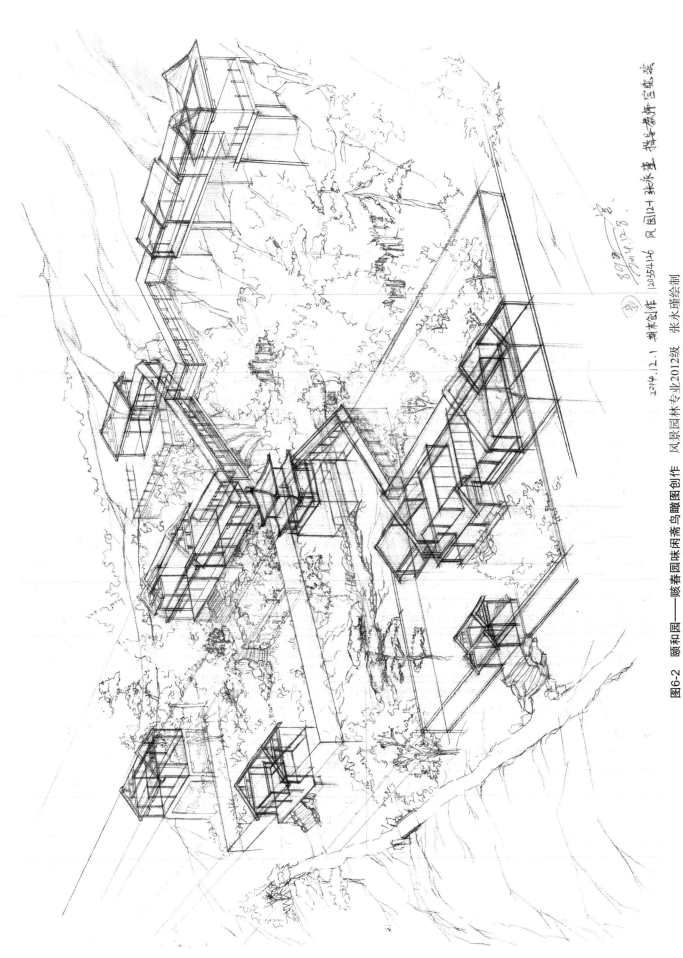

图6-2 颐和园——暧春园咏闲斋鸟瞰图创作 风景园林专业2012级 张永堇绘制

优点：这是一组较典型的结构透视推导比较为成功的鸟瞰图创作绘画，全部使用线条，不采用"调子"，建筑线条精准，变画，植物衬托，虚画。

不足：最上端"清可轩"与山崖的关系表现不足。

149

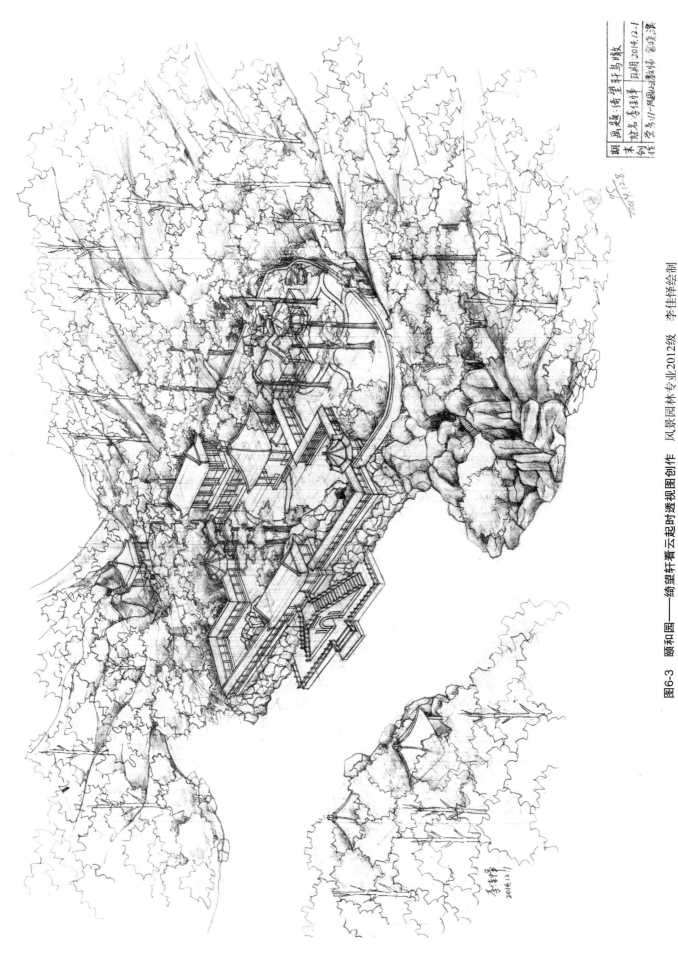

图6-3 颐和园——绮望轩看云起时透视图创作 风景园林专业2012级 李佳泽绘制

优点：画面整体效果很精彩，园子尺度与建筑形制和比例准确无误，山势地形与植物环境丰满充分，表现出了一个园林的优美效果，线条为主，稍加调子。
不足：青石假山可以再明亮些。

第6章 作品选析

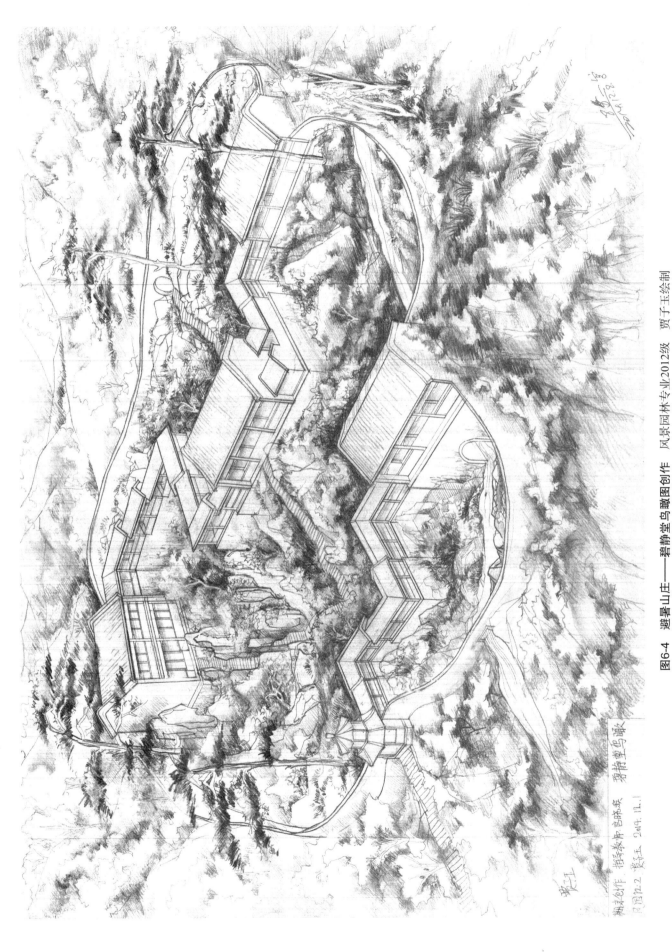

图6-4 避暑山庄——碧静堂鸟瞰图创作 风景园林专业2012级 贾子玉绘制
优点：这是一幅成功的遗址鸟瞰创作，建筑结构、本量与空间布局的尺度都很正确，画法上建筑以白描为主，植物以部分调子表现并很好地衬托了建筑。
不足：山溪由高向低流动的高低差别表现不足。

图6-5 颐和园——赅春园透视图创作 风景园林专业2012级 武文杰绘制
优点：钟亭遗址复原，台基与建筑结构比例表达充分，刻画深入细致，材质质感明确，视角角度安排标准。
不足：背景松树的位置再构图上稍显居中。

图6-6 避暑山庄——碧静堂透视图创作 风景园林专业2012级 曹文雯绘制

优点：这是一幅成功的园林风景创作，特别是前景树木的安排，使山中观景的视觉效果充分而真实，建筑准确无误，游廊的衬托关系明确奇巧，环境优美，技法熟练。

不足：左下角的几枝树叶稍显孤立。

图6-7 避暑山庄——秀起堂透视创作　风景园林专业2012级　夏倩影绘制

优点：这是一幅较成功的调子素描，黑、白、灰三个调子的对比与过渡合适养眼，具有较好的绘画性和创作上的艺术效果。

不足：流动的山溪留白可多些。

第 6 章 作品选析

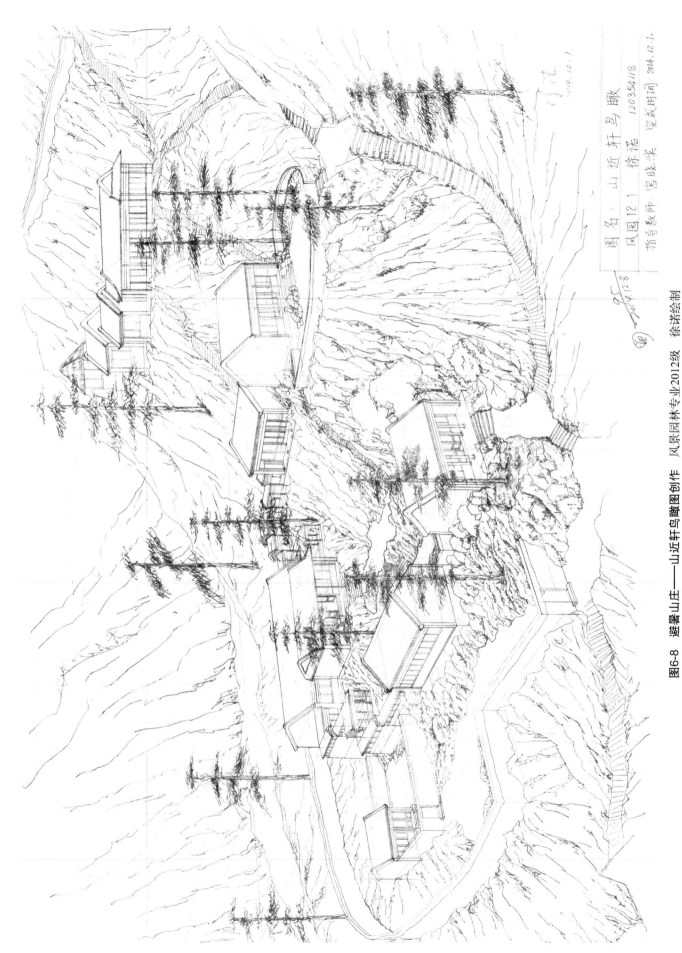

图6-8 避暑山庄——山近轩鸟瞰图创作 风景园林专业2012级 徐诺绘制

优点：此图非常细致地描绘了山近轩三层台地与此处地势地形地势地结合，层次关系清晰明朗。
不足：油松乔木不自然且雷同，山石纹理缺乏变化。

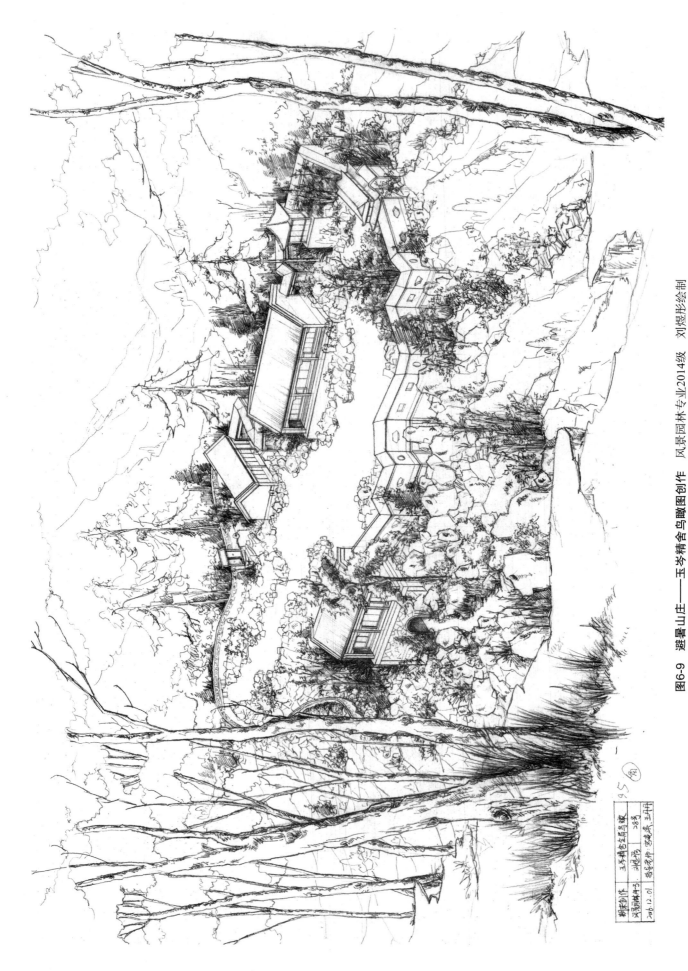

图6-9 避暑山庄——玉岑精舍鸟瞰图创作 风景园林专业2014级 刘煜彤绘制

优点：这是从园子的北坡向南俯视，没有取园子的正面作为绘画取景，因而具有一定的难度，此画克难至胜，园林风景的场景很是成功，艺术效果很至胜，山树风景安排有序且生动自然。

不足：远景山石种类在大形特点上不够明确。

第6章 作品选析

图6-10 避暑山庄——山近轩鸟瞰图创作 风景园林专业2014级胡婧宜绘制

优点：这是一幅成功的全景创作绘画作品，在山近轩遗址复原的基础上，主动加入其他山水景致，呈现出一幅优美动人的山地园林景观效果，创作的艺术氛围非常浓郁。

不足：山中水体的面积不宜过大。

图6-11 避暑山庄——山近轩局部透视图创作 风景园林专业2014级 李爽绘制

优点：这是一幅很成功的山近轩主殿遗址复原创作，建筑抱厦与爬山廊形体准确，恣势自然，树木等假山的表现充分而生动，尤其是假山石的动势很强，山洞的位置也很适当。

不足：立姿山石如再稍加夸张则更显生动活泼。

图6-12　避暑山庄——碧静堂门殿透视创作　风景园林专业2014级　刘煜彤绘制

优点：三棵大树的安排使画面立显生动活泼，成功地表现出风景绘画的自然特性，用自动铅笔刻画形体，以"疏密关系"刻画物象形态结构等相互关系很成功。

不足：建筑仰视效果稍显不足。

图6-13 避暑山庄——秀起堂透视图创作 风景园林专业2014级 胡婧怡绘制

优点：这是一幅很成功的遗址复原创作，山近轩主殿刻画精准美观，结构形体深入细致而整洁优美，树木植物动态自然，调子与疏密手法运用熟练，绘画性与说明性都很强。

不足：近景湖石轮廓线条稍加精细讲究则更加完美。

图6-14 避暑山庄——玉岑精舍透视图创作 风景园林专业2014级 杨弘宇绘制

优点：此画最为成功之处在于大胆夸张强调了山势，可以看出作者是有感而发的，有创作激情，做到了"动之以情"，因而表达出了险峻山体的动势和较为强烈感人的艺术效果。

不足：古树参天，可以再高大些。

园林素描风景画

图6-15 避暑山庄——山近轩透视图创作 风景园林专业2014级 胡婧宜绘制

优点：建筑掩映在几棵乔木后，近景山石小中见大，起伏变化有规律，建筑结构准确，气氛渲染较好。

不足：近景山石间的地被植物略显复杂，需注意三株三株区分。

162

第 6 章 作品选析

图6-16 圆明园如园鸟瞰图创作 风景园林专业2015级 唐子晨绘制

优点：此图透视准确，反映了如园全貌，建筑类型多样，叠石假山位于全园中心位置，分布其中，与赏景建筑巧妙结合。

不足：园林植物的空间层次处理，尤其近景处物象的表达过于概括。

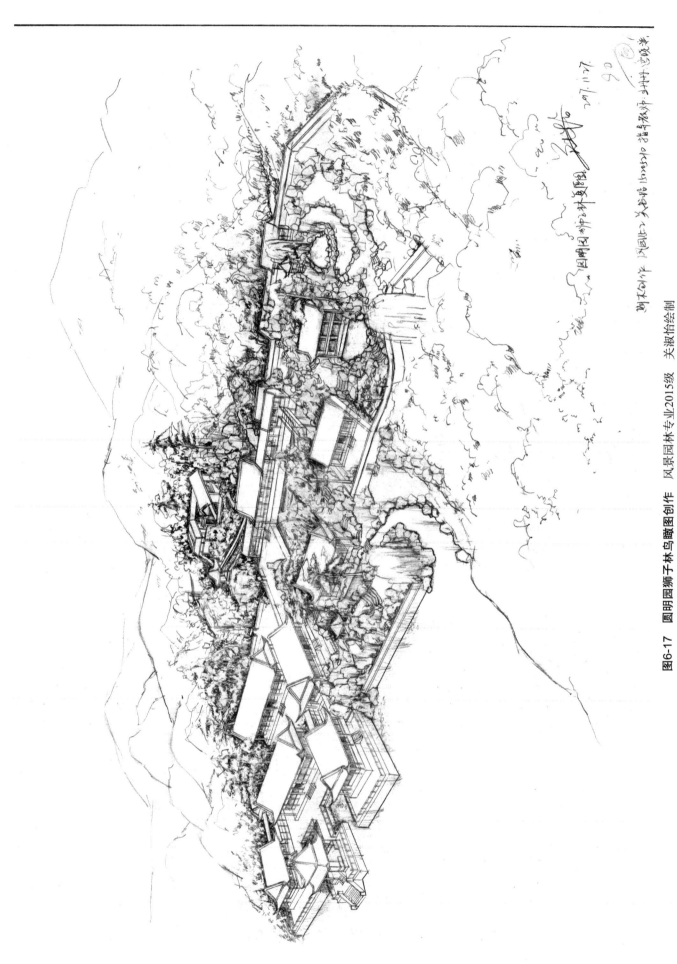

图6-17 圆明园狮子林鸟瞰图创作 风景园林专业2015级 关淑怡绘制

优点:这是一张从山坡方向看向狮子林的俯视画面,全园内容基本呈现。

不足:右侧的湖石景区是亮点也是难点,此处山石叠景与水景表现不充足。

第6章 作品选析

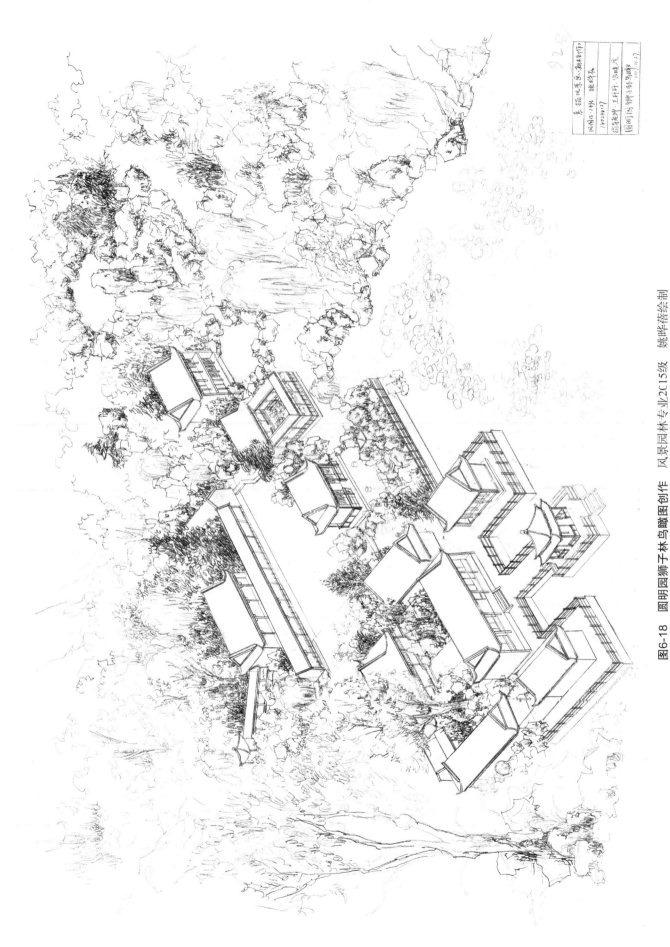

图6-18 圆明园狮子林鸟瞰图创作 风景园林专业2C15级 姚晔蓓绘制

优点：此图刻画了狮子林的整体布局，其中建筑结构造型制作准确，环境要素丰富，近景山石细致突出，与远景形成对比。

不足：画面右侧山石侧植物要素略显零碎。

165

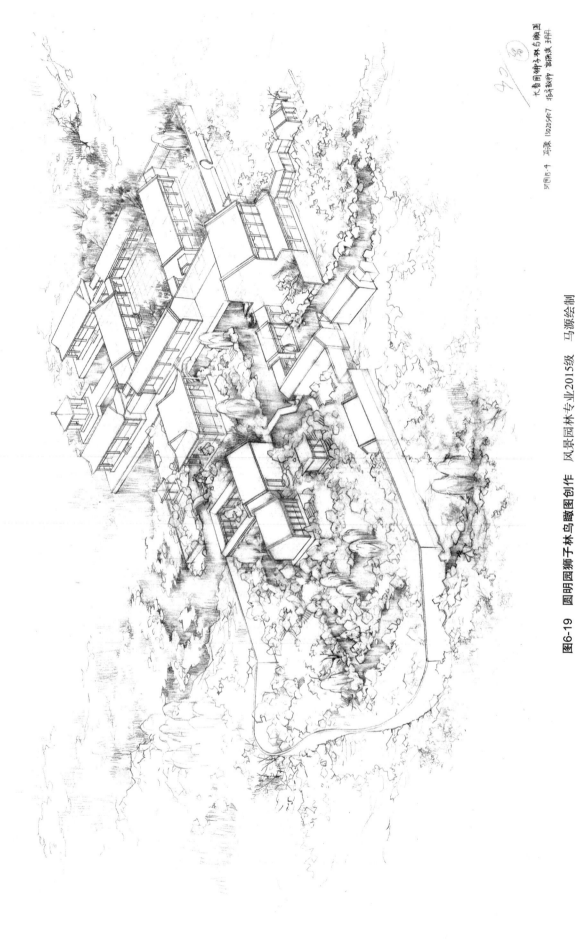

图6-19 圆明园狮子林鸟瞰图创作 风景园林专业2015级 马源绘制

优点：这是一张从西北看向东南的狮子林鸟瞰创作，左侧为写仿苏州狮子林的湖石假山较为集中的院落空间，右侧突出建筑形制较为准确，画面中建筑围合的院落空间，并与环境过渡衔接自然。

不足：在近景处植物和山石刻画需强调层次变化。

第6章 作品选析

图6-20 避暑山庄——山近轩簇奇廊透视图创作 风景园林专业2015级 姚晔蓓绘制

优点：构图稳定，建筑比例、形式、基本结构准确，细部刻画较深入，使画面产生了疏密有致有疏有密的美感，树木山石表达也很到位。

不足：山势的"奇险"表达不够充分。

图6-21 避暑山庄——青枫绿屿局部透视图创作 风景园林专业2015级 王馨艺绘制

优点：这是一幅人视点成角透视效果图，建筑结构及关系表现准确，画面在结构线条基础上辅以调子，光影效果立显该环境的幽静，山石植物自然生动。

不足：前景地面铺石小路透视不准确。

第 6 章 作品选析

图6-22 圆明园如园挹霞亭——观丰榭透视图创作 风景园林专业2016级 张翮绘制

优点：此景为如园内一处小景，主景四角攒尖的挹霞亭掩映在山石林木中，配景观丰榭隐藏在远处。画面空间虚实有度，近景山石对比强烈，刻画精细。

不足：远近植物空间层次感不够，尤其画面右前方近景植物线条需明确。

169

图6-23 界画《蓬莱仙境图》局部透视图创作 风景园林专业2016级 宋江商绘制

优点：画面空间层次感较强，近实远虚，近景以树石为框景形成画面，曲折有致的树形富有韵律感。

不足：远处地面调子排列显单调，建筑首层阴影内部结构需适当刻画一些。

图6-24 圆明园狮子林局部透视图创作 风景园林专业2016级 徐安琪绘制

优点：此画面构图稳定，亭子刻画准确细致，远景山石雄厚稳重。

不足：前景中山石高有重点区分主次，并与植物在质感上加强对比为好。

步骤一　　　　　　　　　　步骤二

步骤三　　　　　　　　　　步骤四

优点：树木的动态动势强调一下就更好了。

图6-25 避暑山庄——碧静堂门殿透视图创作　风景园林专业2016级　黄思懿绘制
优点：碧静堂门殿复原创作，建筑形体比例基本结构表述清楚，明确，前后层次充分，地形地势也很完整。
不足：树木的动态动势强调一下就更好了。

园林素描风景画

图6-26 避暑山庄——秀起堂游廊透视图创作 风景园林专业2016级 缪雨莎绘制

优点：此视角反映爬山廊连续连绵与地形的呼应关系，近景山石层次明确。

不足：左侧建筑处理过于概括，应与爬山廊逐渐过渡，应再交代清晰些，另画面右侧植物与山石关系处理模糊，植物表现需再突出。

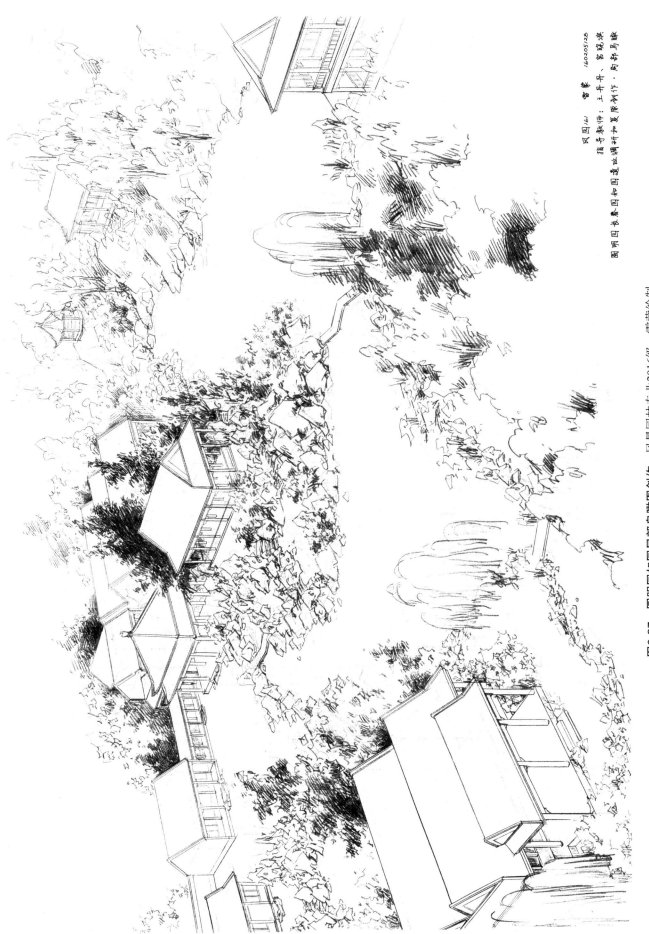

图6-27　圆明园如园局部鸟瞰图创作　风景园林专业2016级　雷蒙绘制

优点：该图为局部鸟瞰创作，建筑采用留白形式交代其建筑结构，环境要素中山石、植物、水系等以疏密相间的线条概括，对画面核心处进行强调、弱化远景，以增强画面空间层次。

不足：水岸与建筑交界处处理不够连贯，有未完成之感。

图6-28 圆明园狮子林凝岚亭透视图创作 风景园林专业2016级 唐中慧绘制

优点：这幅复原创作画的画意浓郁，构图标准，湖石假山组织合理，动势很强且留白得当，树木植物穿插有序，姿态各异，建筑南方风味突出，小巧精致。

不足：建筑细部树叶稍"散"。

第6章 作品选析

图6-29 界画《观潮图》局部透视图创作 风景园林专业2016级 张翮绘制

优点：此画构图均角稳定，采取两点透视使画面主景凸出，动静结合关系处理得较好，近景的山石水系刻画细致。

不足：建筑首层结构不清楚，建筑背景植物较为单薄。尺度过于低矮，近处流水与叠石交界处处理过实，当虚实结合以表现水的动态感。

177

图6-30 圆明园如园涵碧楼透视图创作 风景园林专业2016级 王泓萱绘制

优点：这是一处根据遗址现场调研后结合历史图纸和图像资料的基础上进行复原创作的园林景致，画面的建筑、山石、植物、水系组合和刻画较为生动自然。
不足：建筑物的形态比例不够准确，作为画面主体需强化。

参考文献

（清）袁江，袁耀，2005. 袁江，袁耀画集[M]. 北京：北京工艺美术出版社.

（意）祖菲，2017. 图解欧洲艺术史：16世纪[M]. 姜奕晖，译. 北京：北京联合出版公司.

北京市颐和园管理处，2014. 颐和园谐趣园修缮实录[M]. 天津：天津大学出版社.

别廷峰，1993. 乾隆《题文园狮子林十六景》注释[J]. 承德民族师专学报（2）：83-90.

陈从周，蒋启霆，2011. 新版. 上册[M]. 赵厚均，校订注释. 园综：上海：同济大学出版社.

戴逸，1979.《芬奇论绘画》[M]. 北京：人民美术出版社.

丁宁，2016. 视远惟明：感悟最美的艺术[M]. 北京：中国文联出版社.

高冬，2014. 华宜玉水彩艺术[M]. 北京：中国林业出版社.

宫晓滨，1997. 风景园林专业绘画技法[M]. 北京：中国林业出版社.

宫晓滨，2006. 宫晓滨教授作品[J]. 风景园林（6）：51-53.

宫晓滨，2010. 中国园林水彩画技法教程[M]. 北京：中国文联出版社.

宫晓滨，2012. 北林园林学院美术基础的作用及影响[J]. 风景园林（8）：92-95.

宫晓滨，2015. 园林素描[M]. 2版. 北京：中国林业出版社.

宫晓滨，2018. 中国园林水彩画技法教程[M]. 北京：中国文联出版社.

顾凯，2013. 江南私家园林[M]. 北京：清华大学出版社.

胡德君，2000. 学造园设计教学120例（修订版）[M]. 天津：天津大学出版社.

黄晓，刘珊珊，2017. 园林绘画对于复原研究的价值和应用探析——以明代《寄畅园五十景图》为例[J]. 风景园林（1）：14-24.

贾珺，2009. 北京颐和园[M]. 北京：清华大学出版社.

贾珺，2013.《乾隆帝雪景行乐图》与长春园狮子林续考[J]. 装饰（3）：52-57.

贾珺，2013. 圆明园造园艺术探微[M]. 北京：中国建筑工业出版社.

李炜民，2012. 中国风景园林学科发展相关问题的思考[J]. 中国园林（10）：50-52.

李文君，2017. 圆明园匾额楹联通解[M]. 北京：故宫出版社.

李雄，2012. 历史发展——李雄访谈[J]. 风景园林.（4）：45-47.

今狐彪，1985. 中国古代山水画百图[M]. 北京：人民美术出版社.

刘松岩，刘志奇，2006. 中国传统山水画技法解析[M]. 北京：人民美术出版社.

孟兆祯，2012. 大师访谈——孟兆祯院士访谈[J]. 风景园林.（4）：37-39.

孟兆祯，2012. 园衍[M]. 北京：中国建筑工业出版社.

上海博物馆，2018. 摹造自然：西方风景画艺术[M]. 上海：上海人民美术出版社.

史建期，徐文杰，2009. 中国白描[M]. 上海：上海远东出版社.

童明，2012. 赭石：童寯画纪[M]. 南京：东南大学出版社.

汪菊渊，2010. 中国古代园林史[M]. 北京：中国建筑工业出版社.

王丹丹，宫晓滨，2016. 中国传统园林的表现绘画创作途径探索与实践[J]. 风景园林（6）：86-91.

王向荣，2019. 景观笔记：自然·文化·设计[M]. 北京：生活·读书·新知三联书店.

魏民，2007.风景园林专业综合实习指导书——规划设计篇[M].北京：中国建筑工业出版社.

吴良镛，2002.吴良镛画记[M].北京：生活·读书·新知三联书店.

吴肇钊，2004.中国园林立意·创作·表现[M].北京：中国建筑工业出版社.

夏成钢，2008.湖山品题——颐和园匾额楹联解读[M].北京：中国建筑工业出版社.

杨大年，1984.中国历代画论彩英[M].郑州：河南人民出版社.

张宏勋，2008.结构素描的观察方法和表现方法［J］.韶关学院学报（社会科学版）（7）：163-165.

张卓燕，2013.圆明园如园延清堂遗址局部勘探所获建筑材料的评价及其保护建议[J].文物保护与考古科学（11）：96-99.

赵琰哲，2017.实景、图画与天下——倪瓒（款）《狮子林图》及其清宫仿画研究[J].大匠之门（9）：36-58.

周维权，2008.中国古典园林史[M].北京：清华大学出版社.

左亮，2013.故宫画谱·山水卷·界画[M].北京：故宫出版社.